"十二五"职业教育国家规划教材
经全国职业教育教材审定委员会审定

建 筑 设 备

第 3 版

主　编　王青山　王　丽
副主编　王利霞　韩俊玲
参　编　项世海　郑敏丽
主　审　贺俊杰

机 械 工 业 出 版 社

本书是"十二五"职业教育国家规划教材，经全国职业教育教材审定委员会审定。本书是在第 2 版的基础上修订而成，主要修订内容有：修订水、暖、电施工图识读内容，采用新标准规范、新的工程图、新工艺、新材料等。本书修订后内容包括建筑给水排水、建筑采暖与集中供热、通风与空气调节、燃气供应、建筑电气。

　　本书适用于应用型本科及高职高专院校建筑工程、建筑工程设备专业，并可作为相关专业从业人员的参考用书。

图书在版编目（CIP）数据

建筑设备/王青山，王丽主编. —3 版. —北京：机械工业出版社，2018.1（2024.1重印）

"十二五"职业教育国家规划教材

ISBN 978-7-111-58994-5

Ⅰ.①建… Ⅱ.①王… ②王… Ⅲ.①房屋建筑设备-高等职业教育-教材 Ⅳ.①TU8

中国版本图书馆 CIP 数据核字（2018）第 014437 号

机械工业出版社（北京市百万庄大街 22 号　邮政编码 100037）
策划编辑：李　莉　责任编辑：李　莉　责任校对：杜雨霏　张　薇
封面设计：路恩中　责任印制：李　昂
北京中科印刷有限公司印刷
2024 年 1 月第 3 版第 6 次印刷
184mm×260mm·12.25 印张·4 插页·296 千字
标准书号：ISBN 978-7-111-58994-5
定价：32.00 元

电话服务　　　　　　　　　　网络服务
客服电话：010-88361066　　机　工　官　网：www.cmpbook.com
　　　　　010-88379833　　机　工　官　博：weibo.com/cmp1952
　　　　　010-68326294　　金　书　网：www.golden-book.com
封底无防伪标均为盗版　机工教育服务网：www.cmpedu.com

第3版前言

《建筑设备》自第1版出版以来，受到了广大教师、学生及工程技术人员的厚爱，与此同时，广大读者也给我们提出了许多宝贵意见。为了适应高等职业教育培养应用型、技能型人才的需要，我们广泛地征求了各相关专业、各兄弟院校对该门课程的要求，在反复研讨的基础上，对原先的内容进行了修订。在修订过程中，我们尽量做到内容精炼、概念清晰、文字叙述简明、阐述由浅入深、循序渐进。本书主要在以下几方面进行了修订：

1. 对水、暖、电施工图识读内容进行了重新修订。施工图案例采用了近几年水、暖、电工程中新工艺、新材料、新技术，增强了本书的适用性。

2. 突出水、暖、电工程与建筑工程、装饰工程相配合的内容，采用了新的工程规范、新标准、新工程图例。

本书共五章，由王青山、郑敏丽负责编写修改第一章；王丽负责编写修改第二章；山西大同大学王利霞负责编写修改第三章；王青山负责编写修改第四章；韩俊玲负责编写修改第五章。全书由王青山、王丽担任主编并负责统稿。

在本书的编写和修订过程中，各院校任课教师和同行提供了很多宝贵意见，在此深表谢意。由于编者的经验和水平有限，不当之处在所难免，望广大读者批评指正。

为方便教学，本书配有电子课件电子教案，凡使用本书作为教材的教师可登录机械工业出版社教育服务网 www.cmpedu.com 注册后免费下载。咨询电话：010-88379375。

编　者

目 录

第 3 版前言

第一章　建筑给水排水 …………………… 1
　第一节　建筑给水系统 ………………… 1
　第二节　建筑给水管材、管件及附属配件 …… 4
　第三节　建筑给水管道布置、敷设和安装 … 8
　第四节　给水升压设备 ………………… 10
　第五节　室内消防给水系统 …………… 12
　第六节　热水供应系统 ………………… 16
　第七节　建筑排水系统 ………………… 19
　第八节　建筑排水管材、管件及敷设安装 … 27
　第九节　卫生器具 ……………………… 29
　第十节　建筑给水排水施工图 ………… 36
　小结 …………………………………… 42
　复习思考题 …………………………… 42

第二章　建筑采暖与集中供热 ………… 43
　第一节　集中供热与采暖的基本概念 … 43
　第二节　热水采暖系统 ………………… 45
　第三节　蒸汽采暖系统 ………………… 51
　第四节　散热设备与采暖系统的附属设备 … 52
　第五节　热风采暖、辐射采暖的应用 … 59
　第六节　采暖管道布置与安装 ………… 63
　第七节　锅炉与锅炉房设备 …………… 67
　第八节　室外供热管网与小区换热站 … 72
　第九节　建筑采暖施工图 ……………… 89
　小结 …………………………………… 97

　复习思考题 …………………………… 97

第三章　通风与空气调节 ……………… 99
　第一节　通风系统的分类与组成 ……… 99
　第二节　空调系统的分类与组成 ……… 106
　第三节　空调系统的空气处理 ………… 111
　第四节　空调制冷的基本原理 ………… 116
　第五节　通风与空调系统施工 ………… 120
　小结 …………………………………… 126
　复习思考题 …………………………… 126

第四章　燃气供应 ……………………… 128
　第一节　燃气供应概述 ………………… 128
　第二节　室内燃气供应 ………………… 136
　第三节　燃气管道的管材及其附属设备 … 139
　第四节　燃气计量表与燃气用具 ……… 141
　小结 …………………………………… 146
　复习思考题 …………………………… 146

第五章　建筑电气 ……………………… 147
　第一节　电气安装工程常用材料 ……… 147
　第二节　照明工程 ……………………… 154
　第三节　防雷与接地装置 ……………… 166
　第四节　建筑电气施工图 ……………… 174
　小结 …………………………………… 189
　复习思考题 …………………………… 189

参考文献 ………………………………… 190

第一章

建筑给水排水

> **学习目标**：通过本章学习，了解建筑给水、排水系统，热水供应系统的分类、组成；掌握建筑给水、热水系统的供水方式；了解建筑给水、排水管材、管件；掌握建筑给水、排水系统，热水供应系统管道的布置、敷设和安装要求；了解给水升压设备，掌握给水升压原理；掌握室内消防给水系统的分类及工作原理；掌握屋面雨水排放系统的类型及适用情况；了解高层建筑排水系统；掌握建筑给水排水施工图的图纸内容及识读方法。

第一节　建筑给水系统

一、建筑给水系统分类

建筑给水系统是为了保证建筑内生活、生产、消防所需水量、水压和水质要求而修建的系统工程设施。它的任务是将来自城镇供水管网（或自备水源）的水输送到室内的各种配水龙头、生产用水设备和消防设备等用水点，并满足各用水点对水质、水量、水压的要求。

建筑给水系统按用途基本可分为三类。

1. 生活给水系统　生活给水系统主要满足民用、公共建筑和工业企业建筑内的饮用、洗浴、餐饮等方面要求，要求水质必须符合国家规定的生活饮用水卫生标准。

2. 生产给水系统　现代社会各种生产过程复杂、种类繁多，不同生产过程中对水质、水量、水压的要求差异很大。生产用水主要有冷却用水、原料洗涤用水、锅炉用水等。

3. 消防给水系统　消防系统已成为大型公共建筑、高层建筑必不可少的一个组成部分。水具有灭火速度快、对环境污染小、造价低等特点，是一种最重要的灭火介质。大型喷洒、雨淋、水幕消防系统结构复杂，消防水池、高位水箱、水管道贮水量大，对水压也有较严格的要求，消防给水系统在大型建筑中所占的地位越来越重要。

在建筑中上述各种给水系统并不是孤立存在，单独设置的，而是根据用水设备对水质、水量、水压的要求及室外给水系统情况，考虑技术经济条件，将其中的两种或多种基本给水系统综合到一起使用，主要有以下几种方式：

（1）生活、生产共用的给水系统。

（2）生产、消防共用的给水系统。

（3）生活、消防共用的给水系统。

（4）生活、生产、消防共用的给水系统。

二、建筑给水系统的组成

建筑给水系统主要由以下几个基本部分构成，如图1-1所示。

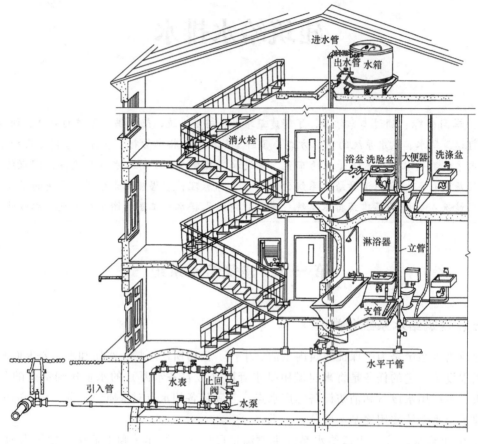

图1-1 建筑给水系统

1. 引入管 引入管是室内给水管线和市政给水管网相连接的管段，也称作进户管。

2. 水表节点 引入管上的水表不能单独安装，要和阀门、泄水装置等附件一起使用，水表进出口阀门在检修水表时关闭；泄水装置在检修时放空管道；水表和其一起安装的附件统称水表节点。

3. 管道系统 管道系统是自来水输送和分配的通道，包括干管、立管、支管等。

4. 用水设备 用水设备在给水管道末端，指生活、生产用水设备或器具。

5. 给水附件 管道上的各种阀门、仪表、水龙头等称给水附件。

6. 升压和贮水设备 在多数情况下，市政供水的水压和水量不能满足用户需求，因此需要用升压设备如水泵来提高供水压力，用贮水设备如水箱贮存一定量自来水。

7. 消防设备 消防设备种类很多，如消火栓系统的消火栓，喷洒系统的报警阀、水流指示器、水泵接合器、闭式喷头、开式喷头等。

三、给水系统的供水方式

给水系统的供水方式即供水方案，取决于室内供水系统的需求和市政管网提供的水压、水量。

常用的给水方式：

1. 直接给水方式　市政供水能满足建筑在任何时刻、任何部位的供水需求时，可采用此种方式，如图 1-2 所示，这种系统因不设水泵、水箱等设备，结构简单、维护方便、投资少，但实际供水管网压力往往不能满足用户需求，应用较少。

2. 设水箱、变频调速装置、水泵联合工作的给水方式　这种给水方式在居民小区和公共建筑中应用广泛，原理如图 1-3 所示。水箱设在小区公共设备间或某幢建筑单独设备间内，水箱贮水量根据用水标准确定，水泵把水从水箱内取出，供给小区供水管网或建筑内部供水管线，变频调速装置根据泵出口压力变化来调节水泵转速，使泵出口压力维持在一个非常恒定的水平，当用水量非常小时，水泵转速极低，甚至停转，节能效果显著，供水压力稳定。与高位水箱、气压罐供水方式相比较，有非常显著的优点，而且因我国电子技术迅速发展，变频调速装置生产、安装厂家众多，一套调速装置价格已降至几万元，小型装置甚至在数千元以内，非常适合大面积推广使用。

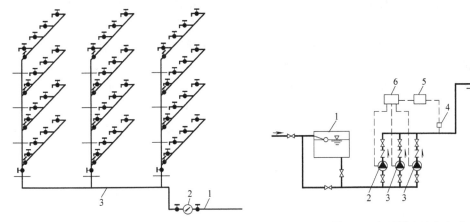

图 1-2　直接给水方式
1—给水引入管　2—水表　3—给水干管

图 1-3　变频调速给水方式
1—贮水池　2—变速泵　3—恒速泵
4—压力变送器　5—调节器　6—控制器

3. 分区给水方式　在多层或高层建筑中，自来水经水泵加压后，可能在某些部位出现超压现象，因此应对整个系统做分区处理，原理如图 1-4 所示。

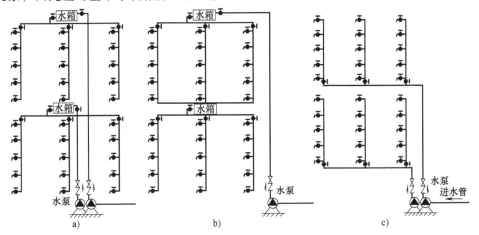

图 1-4　分区给水方式
a）并联分区平行给水　b）分区水箱减压给水方式　c）无水箱给水方式

第二节 建筑给水管材、管件及附属配件

一、管材

建筑给水管材有金属管、塑料管、复合管三大类。其中聚乙烯管、聚丙烯管、铝塑复合管是目前建筑给水推荐使用的管材。

1. 金属管 给水金属管主要有镀锌钢管、不锈钢管、铜管、铸铁管等。

（1）镀锌钢管。镀锌钢管曾经是我国生活饮用水使用的主要管材，由于长期使用，内壁易生锈、滋生细菌和微生物等有害杂质，使自来水在输送途中造成"二次污染"，从2006年6月1日起，根据国家有关规定，在城镇新建住宅生活给水系统中禁止使用镀锌钢管。目前镀锌钢管主要用于消防给水系统。镀锌钢管的优点是强度高、承压能力大、抗震性能好。管道连接可采用焊接、螺纹连接、法兰连接或卡箍连接等连接方式。

（2）不锈钢管。不锈钢管具有机械强度高、坚固、韧性好、耐腐蚀性好、热膨胀系数低、卫生性能好、外表美观、安装维护方便、经久耐用等优点，适用于建筑给水特别是管道直饮水及热水系统。管道可采用焊接、螺纹连接、卡压式、卡套式等多种连接方式。

（3）铜管。铜管具有耐温、延展性好、承压能力高、化学性质稳定、线性膨胀系数小等优点。但其价格较高，一般适用于比较高级的住宅的冷、热水系统。铜管可采用螺纹连接、焊接及法兰连接。

（4）给水铸铁管。与钢管比较，铸铁管具有耐腐蚀性强、使用寿命长、价格低等优点。其缺点是性脆、重量大、长度小。生活给水管管径大于150mm时，可采用给水铸铁管；管径大于或等于75mm的埋地生活给水管道宜采用给水铸铁管。给水铸铁管或非镀锌焊接钢管也可用于生产和消防给水管道。给水铸铁管连接采用承插式连接或法兰连接。承插接口方式有胶圈接口、粘接口、膨胀水泥接口、石棉水泥接口等。

2. 塑料管 塑料管包括硬聚氯乙烯管（UPVC）、聚乙烯管（PE）、交联聚乙烯管（PEX）、聚丙烯管（PP）、聚丁烯管（PB）、丙烯腈-丁二烯-苯乙烯管（ABS）等。

（1）硬聚氯乙烯管（UPVC）。硬聚氯乙烯管材的使用温度为5~45℃，不适用于热水输送，常见规格为$DN115~DN400$，公称压力为0.6~1.0MPa。优点是耐腐蚀性好、抗衰老性强、粘接方便、价格低、产品规格全、质地坚硬；缺点是维修困难、无韧性，环境温度低于5℃时脆化，高于45℃时软化。硬聚氯乙烯管可采用承插粘接，也可采用橡胶密封圈柔性连接、螺纹或法兰连接等连接方式。其为早期替代镀锌钢管的管材，现已不推广使用。

（2）聚乙烯管（PE）。包括高密度聚乙烯管（HDPE）和低密度聚乙烯管（LDPE）。聚乙烯管的特点是重量轻、韧性好、耐腐蚀、耐低温性能好、运输及施工方便、具有良好的柔性和抗蠕变性能，在建筑给水中广泛应用。目前国内产品规格在$DN16~DN160$之间，最大可达$DN400$。聚乙烯管道的连接可采用电熔、热熔、橡胶圈柔性连接，工程上主要采用熔接。

（3）交联聚乙烯管（PEX）。交联聚乙烯管具有强度高、韧性好、抗老化（使用寿命达50年以上），温度适应范围广（-70~110℃）、无毒、无滋生细菌、安装维修方便、价格适

中等优点。目前国内产品常用规格在 $DN10 \sim DN32$ 之间，少量达 $DN63$，主要用于室内热水供应系统。管径小于或等于 25mm 的管道与管件采用卡套式连接，管径大于或等于 32mm 的管道与管件采用卡箍式连接。

（4）聚丙烯管（PP）。普通聚丙烯材质的缺点是耐低温性能差，在 5℃ 以下因脆性太大而难以正常使用。通过共聚合的方式可以使聚丙烯性能得到改善。改进性能的聚丙烯管有三种：均聚聚丙烯（PP-H，一型）管、嵌段共聚聚丙烯（PP-B，二型）管、无规共聚聚丙烯（PP-R，三型）管。

PP-R 管的优点是强度高、韧性好、保温效果好、沿程阻力小、施工安装方便。目前国内产品规格在 $DN20 \sim DN110$ 之间，不仅可用于冷、热水系统，且可用于纯净饮用水系统。管道之间采用热熔连接，管道与金属管件可以通过带金属嵌件的聚丙烯管件，用螺纹或法兰连接。

（5）聚丁烯管（PB）。聚丁烯管质软、耐磨、耐热、抗凉、无毒无害、耐久性好、重量轻、施工安装简单、公称压力可达 1.6MPa，能在 $-20 \sim 95℃$ 条件下安全使用，适用于冷、热水系统。聚丁烯管与管件连接有三种方式，即铜接头夹紧式连接、热熔式插接、电熔合连接。

（6）丙烯腈-丁二烯-苯乙烯管（ABS）。ABS 管材是丙烯腈、丁二烯、苯乙烯的三元共聚物，丙烯腈提供了良好的耐蚀性，表面硬度高；丁二烯作为一种橡胶体提供了韧性；苯乙烯提供了优良的加工性能。三种物质组合的联合作用使 ABS 管强度大、韧性高、能承受冲击。ABS 管材的工作压力为 1.0MPa，冷水管常用规格为 $DN15 \sim DN150$，使用温度为 $-40 \sim 60℃$；热水管规格不全，使用温度为 $-40 \sim 95℃$。管材连接方式为粘接。

3. 复合管　复合管包括铝塑复合管、涂塑钢管、钢塑复合管等。

（1）铝塑复合管（PE-AL-AE 或 PEX-AL-PEX）。铝塑复合管是通过挤出成型工艺制造的新型复合管材，既保持了聚乙烯管和铝管的优点，又避免了各自的缺点。可以弯曲，弯曲半径等于 5 倍直径；耐温性能强，使用温度范围为 $-100 \sim 110℃$；耐高压，工作压力可以达到 1.0MPa 以上。管件连接主要采用夹紧式铜接头。可用于室内冷、热水系统，目前的规格为 $DN14 \sim DN32$。

（2）钢塑复合管。钢塑复合管是在钢管内壁衬（涂）一定厚度的塑料层复合而成，依据复合管基材的不同，可分为衬塑复合管和涂塑复合管两种。钢塑复合管兼备了金属管材强度高，耐高压，能承受较强外来冲击力和塑料管材的耐腐蚀性，不结垢，导热系数低，流体阻力小等优点。钢塑复合管可采用沟槽、法兰或螺纹连接的方式，同原有的镀锌管系统完全相容，应用方便，但需在工厂预制，不宜在施工现场切割。

二、管件

管件种类很多，不同管材与不同管件配合使用。

1. 钢管管件　钢管螺纹连接时，在转弯、延长、分支、变径等处，都要使用相应管件。而焊接时使用管件较少，以弯头为主，其他管件可现场加工制作，常用钢管管件如图 1-5 所示。

主要钢管管件用途：

（1）管箍。连接两根等径或异径管。

（2）活接头。用于需要经常拆卸的部位。

（3）弯头。用于管道转变方向处，有45°和90°弯头等。

（4）三通或四通。管道分支处可采用三通或四通。

（5）管堵。又称丝堵，用来堵塞管道一端或预留孔。

2. 塑料管、铝塑复合管、铜管管件　这几种管道的管件作用和钢管相同，也是用来满足管道延长、分支、变径、拐弯、拆卸的需要，可根据具体使用需要选用。

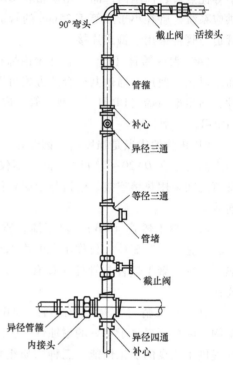

图1-5　常用钢管管件

三、附属配件

（一）配水附件

1. 球形阀式配水龙头　用于洗涤盆、污水盆、盥洗槽等。水流经此种龙头时改变流向，故阻力较大。

2. 旋塞式配水龙头　设在压力较小的给水系统上。此龙头阻力较小，启闭迅速。

3. 盥洗龙头　设在洗脸盆上专为供冷热水用，有鸭嘴式、角式、长脖式等。

4. 混合龙头　可用来调节冷热水混合比例，达到调节水温的目的。供淋浴洗涤用，式样很多。

（二）控制附件

1. 截止阀　在管路上起开启和关闭水流作用，但不能调节流量，截止阀关闭严密，缺点是水阻力大，安装时注意安装方向，如图1-6所示。

2. 闸阀　在管路中既可以起开启和关闭作用，又可以调节流量，对水阻力小，缺点是关闭不严密。闸阀是给水系统使用最为广泛的阀门，又有水门之称。闸阀结构如图1-7所示。

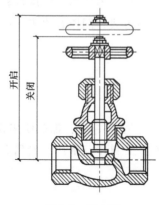

图1-6　截止阀

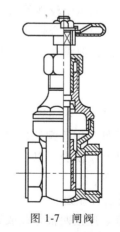

图1-7　闸阀

3. 止回阀　止回阀通常安装于水泵出口，防止水倒流。安装时应按阀体上标注箭头方向安装，不可装反。止回阀可分为多种，如升降式止回阀、立式升降式止回阀、旋启式止回阀等。在系统有严重水锤产生时，可采用微启缓闭止回阀，该阀门结构和工作原理可参考相关厂家样本。图1-8所示为升降式、旋启式、立式升降式止回阀。

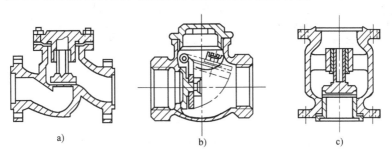

图1-8　止回阀

a）升降式止回阀　b）旋启式止回阀　c）立式升降式止回阀

4. 球阀　在小管径管道上可使用球阀。球阀阀芯为球形，内有一水流通道，转动阀柄时，水流通道和水流方向垂直，则关闭阀门，反之开启。

5. 浮球阀　可自动进水自动关闭。多安装于水箱或水池上用来控制水位，当水箱水位达到设定时，浮球浮起，自动关闭进水口。水位下降时，浮球下落，开启进水口，自动充水，如此反复，保持液位恒定。浮球阀如口径较大，采用法兰连接，口径较小用螺纹连接。

图1-9所示为中型浮球阀和小型浮球阀。

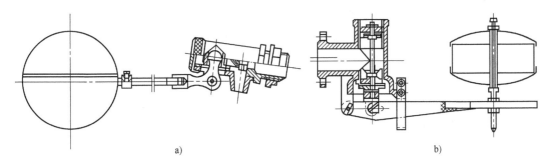

图1-9　浮球阀

a）小型浮球阀　b）中型浮球阀

6. 电动阀、电磁阀　在自动化要求高的供水系统中应采用由电驱动的电动阀和电磁阀，电动阀可根据需要随意调节流量，而电磁阀只能做开启和关闭双位调节。

四、水表

水表用来计量建筑物的用水量，目前建筑内部广泛使用流速式水表。流速式水表是根据管径一定时，通过水表水流速度和流量成正比原理来测定的，水流通过水表时推动翼轮旋转，翼轮转轴带动一系列联动齿轮，再传递到记录装置，在度盘指针指示下，便可读到流量累积值。

流速式水表可分为旋翼式水表和螺翼式水表两类（图1-10）。旋翼式水表的翼轮转轴与水流方向垂直，水流阻力大，多为小口径水表，宜用于测量小流量；螺翼式水表的翼轮转轴与水流方向平行，阻力小，适用于大流量测定。

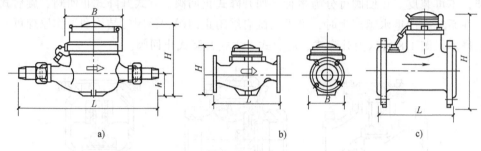

图 1-10　水表

a）旋翼式水表（螺纹连接）　b）旋翼式水表（法兰连接）　c）螺翼式水表

复式水表是旋翼式和螺翼式的组合形式，在流量变化很大时使用。

第三节　建筑给水管道布置、敷设和安装

一、给水管道布置

（一）引入管布置

引入管宜从建筑物用水量最大处引入。当建筑用水量比较均匀时，可从建筑物中央部分引入。在一般情况下，引入管可设置一条。如果建筑级别较高，不允许间断供水，则应设成两条引入管，且由城市管网不同侧引入，如图 1-11 所示。如只能由建筑物同侧引入，则两引入管间距不得小于 10m，并应在接点设阀门，如图 1-12 所示。

图 1-11　引入管由建筑物不同侧引入　　　图 1-12　引入管由建筑物同侧引入

引入管埋设深度主要根据当地气候、地质条件和地面荷载而定。在寒冷地区，埋设深度在当地冰冻线以下，以防止冻结，在室外直埋敷设时，应采取防腐措施。

引入管穿越承重墙或基础时，要采取保护措施。若基础较浅，应从其底部穿过；若基础较深，管道需要穿越基础时，应在基础上预留洞口，洞口尺寸可查阅有关手册。

（二）室内给水管网布置

按照水平配水干管的敷设位置，室内给水系统可分为：

1. 下行上给式　如图 1-2 所示，水平配水干管敷设在建筑物底层，如底层地面下、地下

室内、专设的管沟内，由下向上供水。这种方式多用于利用室外给水管网水压直接供水的建筑物。

2. 上行下给式 水平配水干管敷设在顶层天花板下、吊顶内或技术夹层中，在无冰冻地区设于平屋顶上，由上向下供水。这种方式一般用于采用下行布置有困难或需设置高位水箱的建筑。

3. 环状式 横向配水干管或配水立管互相连接，组成水平及竖向环状管网。高层建筑、大型公共建筑、要求不间断供水的建筑，或采用要求较高的消火栓、喷洒、雨淋系统时，多采用这种方式，以保证其供水可靠性。图 1-13 为环状给水方式干管。

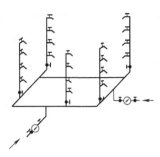

图 1-13 环状给水方式干管

4. 中分式 水平配水干管敷设在中间技术层或中间某层吊顶内，由中间向上、下两个方向供水。这种方式一般用于屋顶有它用或中间有技术夹层的高层建筑。

二、给水管道敷设

根据建筑物性质及对美观要求的不同，给水管道敷设可分为明装或暗装。

（一）明装

管道沿墙、梁、柱、楼板下敷设。明装管道施工方便，出现问题易于查找。缺点是不美观，此种方式适合于要求不高的公共及民用建筑、工业建筑。

（二）暗装

把管道布置在竖井内、吊顶内、墙上预留槽内、楼板预留槽内。在外部看不到管道，不妨碍装修，非常美观。此种方式适合于要求高的公共建筑，特别受到私人家居的欢迎。最大缺点是维修不便，一旦漏水维护工作量大。图1-14 所示为一种较典型宾馆卫生间管道布置方式。

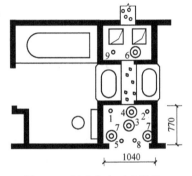

图 1-14 标准客房卫生间及
管道竖井布置
1—冷水管 2—热水管 3—污废水管
4—通气管 5—饮用水管 6—雨水管
7—空调冷冻水管 8—空调供热水管
9—空调凝水管

三、管道安装

（一）管道连接方式

1. 钢管的连接 钢管的连接方式有螺纹连接、焊接、法兰连接三种方式。螺纹连接适用于管径小于 $DN100$ 的镀锌钢管。焊接适用于大管径管道或黑铁管。管道和设备进出口，较大口径阀门连接时，可使用法兰连接。

2. 塑料管、铝塑复合管连接 塑料管可用粘接、热空气焊接、胀接等多种方式，铝塑复合管必须采用专门管件连接。

（二）管道及设备的防腐、防冻、防结露及防噪声

1. 防腐 明设黑铁管需做防腐处理，最简单防腐过程是：将管道表面除锈，刷红丹防锈漆两道，再刷银粉一至两遍。暗设黑铁管防腐过程同明设黑铁管，只是面漆银粉可以不刷。

钢管埋地时，无论黑铁管、白铁管都应做防腐层。要求不高时，可刷沥青漆。

2. 防冻、防结露 给水管线敷设部位如气温可能低于零度，应采取防冻措施，常用做

法是在管道外包岩棉管壳，管壳外再做保护层，如缠塑料、缠玻璃布、刷调和漆等。

给水管线如明装敷设在吊顶或建筑物其他部位，则气候炎热、湿度较大的季节会结露。这时应采取防结露措施以防止结露水破坏吊顶装修和室内物品等。具体做法可参照防冻措施。

3. 防噪声　给水管道或设备工作时产生噪声原因很多，如由于流速过高产生噪声、水泵运转产生噪声等。

防止噪声措施，要求建筑物水系统设计时，要把流速控制在允许范围内。建筑设计时水泵房、卫生间不应靠近卧室及其他需安静的房间。

为防止水泵或设备运转产生噪声，可在设备进出口设挠性接头，泵基础采取减振措施，必要时可在泵房内贴附吸声材料。

（三）管道安装

管道安装时，应固定到支架或吊架上，常用支架或吊架可采用角钢埋设或用膨胀螺栓固定于土建结构内。管道和支架或吊架之间可用 U 形螺栓固定。

支架、吊架具体做法可参见给水管道安装标准图集。

第四节　给水升压设备

一、给水升压原理

管道内的水，必须有一定压力才能输送到建筑物内最不利点（通常为最高最远点），如图 1-15 所示。

给水系统所需压力由下式计算

$$H = H_1 + H_2 + H_3 + H_4$$

式中　H——室内给水系统所需水压（kPa）；

　　　H_1——最不利配水点与室外引入管起端间静压差（kPa）；

　　　H_2——计算管路（最不利配水点至引入管起点间管路，亦称最不利管路）压力损失（kPa）；

　　　H_3——水流通过水表压力损失（kPa）；

　　　H_4——最不利配水点所需流出压力（kPa）。

流出压力是指各种卫生器具、配水龙头或用水设备处，为获得规定出水量需要的最小压力，一般可取 15～20kPa。

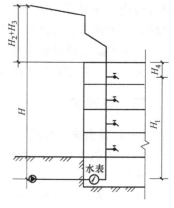

图 1-15　室内给水系统所需压力示意

二、给水升压和贮水设备

（一）水泵

1. 水泵工作原理　水泵是输送水的动力设备。离心泵在给水工程中最为常见，其工作过程如图 1-16 所示。泵在起动前充满水，起动后水在叶轮带动下旋转，从而能量增加，同时在惯性力作用下产生离心方向的位移，沿叶片之间通道流向机壳，机壳收集从叶轮排出的水，导向出口排出。当叶轮中流体沿离心方向运动时，叶轮入口压强降低，形成真空，在大气压作用下，水由吸入口进入叶轮，使水泵连续工作。

2. 水泵的基本参数

（1）流量。泵在单位时间内输送水的体积，称为泵的流量，以 q 表示，单位为 m^3/h 或 L/s。

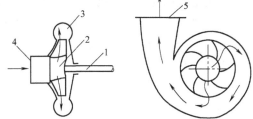

图 1-16　离心泵工作过程示意图

1—轴　2—叶轮　3—机壳　4—吸入口　5—压出口

（2）扬程。单位重量的水在通过水泵以后获得的能量，称为水泵扬程，用 H 表示，单位为 m。

（3）功率。水泵在单位时间内做的功，也就是单位时间内通过水泵的水获得的能量。以符号 N 表示，单位为 kW。水泵的这个功率称有效功率。

但实际上电动机传动轴的功率即轴功率，大于有效功率。说明水泵在运转过程中包含多种原因的功率损耗，轴功率转化成有效功率的比例称效率，效率越高，说明泵所做的有效功率越多，损耗功率越小。

（4）转速。水泵转速是指叶轮每分钟的转数，用符号 n 表示，单位为 r/min。

（5）吸程。吸程也称允许吸上真空高度，也就是水泵运转时吸水口前允许产生真空度的数值，通常以 H_0 表示，单位为 m。

上述参数中，以流量和扬程最为重要，是选择水泵的主要依据。水泵铭牌上型号意义可参照水泵样本。

（二）水箱和水池

水箱或水池是建筑给水系统中贮水的设备，水箱一般采用钢板现场加工，或采用厂家预制，现场拼装。水池一般采用现浇钢筋混凝土结构，要求防水良好。进出水管、溢流管等穿越水池的管道应做好防水措施，具体做法应参照标准图集施工，以免在穿越水池管道处出现泄漏。

水箱或水池上通常设置下列管道，如图 1-17 所示。

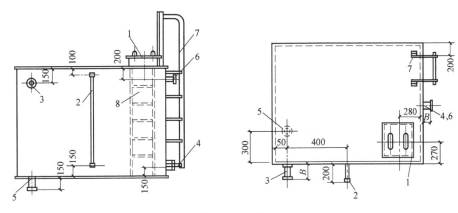

图 1-17　水箱

1—人孔　2—水位计　3—溢流管　4—出水管　5—排污管
6—进水管　7—外人梯　8—内人梯

1. 进水管　水由进水管进入水箱，进水管上通常加装浮球阀来控制水箱内水位。浮球阀前加装闸阀或其他种类阀门，当检修浮球阀时关闭。

2. 出水管　出水管管口下缘应高出水箱底150mm，以防污物进入配水管网。

3. 溢流管　溢流管口应高于设计最高水位50mm，管径应比进水管大1~2号。溢流管上不得装设阀门。

4. 排污管　排污管为放空水箱和冲洗箱底积存污物而设置，管口由水箱最底部接出，管径40~50mm，在排污管上应加装阀门。

5. 水位信号管　安装在水箱壁溢流管口以下，管径为15mm，信号管另一端通到经常有值班人员的房间的污水池上，以便随时发现水箱浮球阀失灵而及时修理。

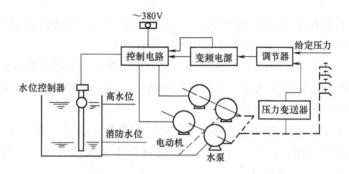

图1-18　变频调速给水装置工作原理

6. 通气管　供生活饮用水的水箱应设密封箱盖，箱盖上设检修人孔和通气管，通气管上不得加装阀门，通气管径一般不小于50mm。

三、变频调速给水装置

变频调速给水装置节省投资，比建水塔节省50%~70%，比建高水箱节省30%~60%，比气压罐节省40%~45%左右。

该装置主要由压力传感器、变频电源、调节器和控制电器组成。其给水工作原理如图1-18所示。

第五节　室内消防给水系统

以水为灭火剂的消防方法是经济有效的方法，现代消防系统结构复杂，种类繁多，但以水为介质的系统基本分为以下几类。

一、室内消火栓灭火系统

（一）系统组成

室内消火栓灭火系统由消防水源、消防管道、消火栓、水龙带、水枪、消防水泵、水箱、水泵接合器等组成（图1-19）。水枪在灭火时产生灭火所需充实水柱，室内一般采用直流水枪，常用喷嘴口径规格有13mm、16mm、19mm三种。喷嘴口径为13mm的水枪配50mm接口；16mm的水枪配50mm接口或65mm接口；19mm的水枪配65mm

接口。

室内消防水龙带有麻织、棉织和衬胶的三种。室内常用消防水龙带规格有 $\phi50$ 和 $\phi65$ 两种，其长度不宜超过 25m。

室内消火栓是具有内扣接头角形截止阀，水枪射流量小于 3L/s 时，宜采用 DN50 出水口消火栓；水枪射流量大于 3L/s 时，宜采用 DN65 出水口消火栓；消火栓、水枪、水龙带之间的连接，一般采用内扣快速接头。

常用消火栓箱规格为 800mm×650mm×200mm，用铝合金或钢板制成。

（二）室内消火栓布置

室内消火栓应设置在建筑内各层明显、易取用和经常有人出入的地方，如楼梯间、走廊、大厅、车间出入口。

室内消火栓布置应保证有两支水枪的充实水柱能同时达到室内任何部位，建筑高度小于或等于 24m、且体积小于或等于 500m³

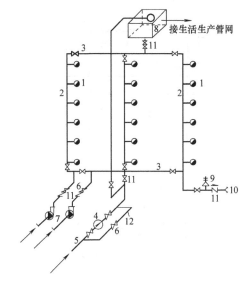

图 1-19 设有加压水泵和水箱的消火栓灭火系统
1—室内消火栓 2—消防立管 3—消防干管 4—水表
5—进户管 6—阀门 7—消防水泵 8—水箱
9—安全阀 10—水泵接合器 11—止回阀 12—旁通管

的库房，可用 1 支充实水枪水柱到达室内任何部位。消火栓栓口处出水压力不宜超过 0.5MPa，否则应采取减压措施。合并系统中，消火栓立管应独立设置，不能与生活给水立管合用。低层建筑消火栓给水立管直径不小于 50mm，高层建筑消火栓给水立管直径不小于 100mm。同一建筑内应采用相同规格的消火栓、水龙带和水枪。

二、闭式自动喷水灭火系统

闭式自动喷水灭火系统具有灭火控制率高，灭火效果好的特点，在大型商场、宾馆、剧院等公共建筑中应用极为广泛。

（一）湿式自动喷水灭火系统

湿式自动喷水灭火系统主要由水系统和相应的电控系统组成。水系统包括消防水池、消防水箱、消防喷淋水泵、报警阀、水流指示器、管网、闭式喷头等组成。电控系统由报警控制器、压力开关、烟感器、温感器、手动报警按钮、声光讯响器等部分组成，具有报警、联动控制水系统的功能。系统如图 1-20 所示，平时系统内充满水，发生火灾时，温度达到喷头动作温度后，喷头爆裂向外喷水灭火。同时管网内的水流向开启喷头，水流指示器动作，湿式报警阀动作报警。报警控制器接到水流指示器和压力开关信号，可启动压力开关报警，同时驱动水力警铃报警。报警阀结构如图 1-21 所示。

闭式喷头由喷水口、控制器、溅水盘三部分组成，其形状和样式较多，中等危险级建筑物中以玻璃球喷头为常见结构（图 1-22b）。每只喷头的最大保护面积，喷头最大布置间距，以及布置原则见现行《自动喷水灭火系统设计规范》（GB 50084）。

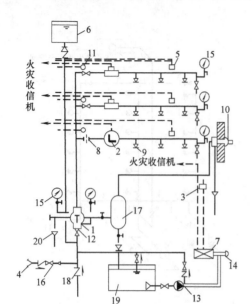

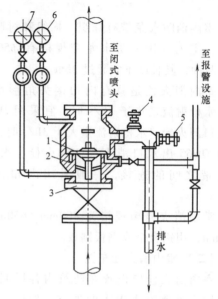

图 1-20　湿式自动喷水灭火系统

1—湿式报警阀　2—水流指示器　3—压力继电器
4—水泵接合器　5—感烟探测器　6—水箱　7—控
制箱　8—减压孔板　9—喷头　10—水力警铃
11—报警装置　12—闸阀　13—水泵　14—按钮
15—压力表　16—安全阀　17—延迟器　18—止
回阀　19—贮水池　20—排水漏斗

图 1-21　湿式报警阀结构

1—阀芯　2—底座凹槽　3—阀门　4—试铃阀
5—排水阀　6—阀后压力表　7—阀前压力表

　　自动喷水系统管网布置成环状，进水管不少于两条。环状供水干管应设分隔阀门，当某一段损坏或检修时，分隔阀所关闭的报警装置不得多于 3 个，分隔阀应设在便于管理、维修和容易接近的地方。

　　报警阀前供水管上，应设置信号阀门，其后面的配水管上不得设置阀门，如必须设置时，应设成信号蝶阀。自动喷水系统宜采用镀锌钢管，每根配水支管管径不得小于 25mm，配水立管宜设在配水干管中间，配水支管宜在配水管两侧均匀分布，如图 1-23 所示。

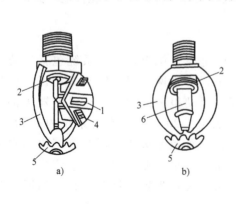

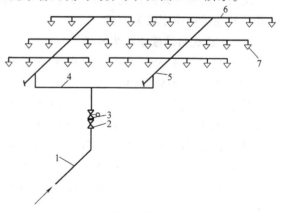

图 1-22　闭式喷头

a）易熔合金闭式喷头　b）玻璃球喷头

1—易熔合金片　2—阀片　3—喷头框架
4—八角支撑　5—溅水盘　6—玻璃球

图 1-23　闭式自动喷水管网的布置

1—供水管　2—总闸阀　3—报警阀　4—配水干管
5—配水管　6—配水支管　7—闭式喷头

（二）干式自动喷水灭火系统

系统如图 1-24 所示，系统内平时充有压缩空气，水不能进入配水管网，适于布置在室内温度低于 0℃ 的不采暖房间或建筑物内，其喷头宜向上设置。

发生火灾时，喷头爆裂后打开，首先喷出压缩空气，配水管网内气压降低，利用压力差原理，干式报警阀打开，水流入配水管，再从喷头喷出。同时水到达压力继电器，令报警控制器和水力警铃报警，干式报警阀原理如图 1-25 所示。

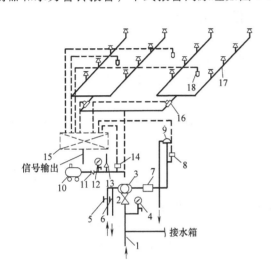

图 1-24　干式自动喷水灭火系统

1—供水管　2—闸阀　3—干式报警阀　4—压力表
5、6—截止阀　7—过滤器　8、14—压力开关　9—水力警铃
10—空压机　11—止回阀　12—压力表　13—安全阀
15—火灾报警控制箱　16—水流指示器
17—闭式喷头　18—火灾探测器

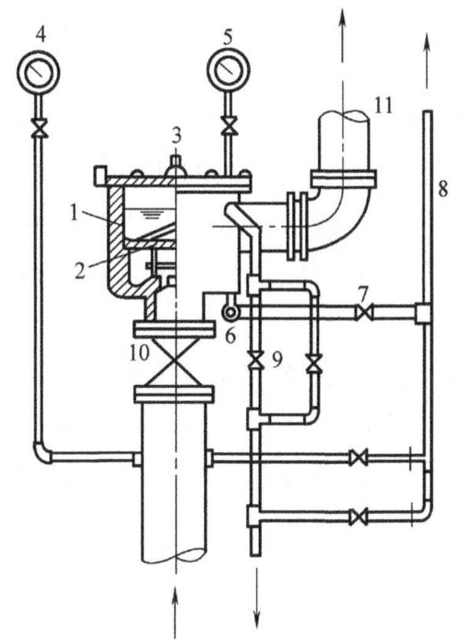

图 1-25　干式报警阀原理

1—阀体　2—差动双盘阀板　3—充气塞　4—阀前压
力表　5—阀后压力表　6—角阀　7—止回阀
8—信号管　9—截止阀　10—总闸阀　11—配水管

三、开式自动喷水灭火系统

开式自动喷水灭火系统，按其喷水形式分雨淋灭火系统和水幕灭火系统。通常布设在火势猛烈、蔓延迅速的严重危险级建筑物和场所。

雨淋灭火系统在灭火时可形成倾盆暴雨的效果，适用于扑灭大面积火灾。雨淋灭火系统组成如图 1-26 所示，该系统主要由火灾探测传动控制系统、自动控制成组作用阀门系统、带式喷头的自动喷水灭火系统三部分组成。雨淋式系统可分为空管式雨淋系统和充水式雨淋系统两大类。充水式雨淋系统灭火速度比空管式雨淋系统快，实际应用时应根据保护对象要求来选择合适的形式。

实际应用中，雨淋系统常有以下几种形式：

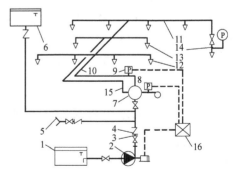

图 1-26　雨淋系统工作原理

1—水池　2—水泵　3—闸阀　4—止回阀
5—水泵结合器　6—消防水箱　7—雨淋报警阀组
8—配水干管　9—压力开关　10—配水管
11—配水支管　12—开式洒水喷头
13—闭式喷头　14—末端试水装置
15—传动管　16—报警控制器

1. 立式雨淋系统 立式雨淋系统平时喷水管网为干管状态,属空管雨淋系统,该系统结构较简单。

2. 充水式雨淋系统 该系统雨淋阀后管网内平时充以静压水,水面低于开式喷头出口,并由溢流管保持恒定水面。雨淋管网中经常充满水,能有效提高出水速度。所以充水式雨淋系统多用在对出水灭火速度要求较高、有火灾危险和爆炸危险类危险品加工的场合。

第六节 热水供应系统

室内热水供应系统是指水的加热、储存和输配的总称。

室内热水供应系统的任务是提供生产用热水、生活洗涤及盥洗用热水,并保证用户随时可以得到符合要求的水量、水温和水质。

室内热水供应系统,按其供应范围可分为局部热水供应系统、集中热水供应系统和区域性热水供应系统。

局部热水供应系统,适用于热水用水点少的公共食堂、理发室及医疗卫生等建筑。这种系统可以采用炉灶、工业余热、电热、煤气或太阳能热水器直接加热冷水。

集中热水供应系统的范围比局部热水供应范围大,热水用水点也较多,这种系统加热冷水多用锅炉。因此,它具有热效率高、管理集中等优点,但设备及安装费用较大。

区域性热水供应系统,多使用热电厂、区域锅炉房所引出的热力网输送加热冷水的热媒,可以向建筑群供应热水。

一、室内热水供应系统的组成及工作原理

室内热水供应系统,通常由以下几部分组成:加热设备、热媒输送管网、热水储存水箱、热水输配管网、循环水管网和末端设备及附件。

图 1-27 所示是集中热水供应系统的一种方式。它的工作原理是:锅炉产生的蒸汽经热媒管道送入水加热器把冷水加热。蒸汽放热后变成凝结水,经凝水管排至凝水池。凝结水泵把凝水池(箱)的水泵入锅炉再加热成蒸汽。水加热器中所需要的冷水由给水箱供给。加热器中的热水由配水管送到各个用水点。为了保证热水温度,循环管(回水管)和配水管中还循环流动着一定数量的循环流量,用来补偿配水管路的热损失,保证了供给热水的水温。

二、室内热水供应系统的供水方式

室内热水供应系统的布置形式较多,一般可根据配水干管在建筑物内的位置分下列两种:

1. 上分式 配水干管敷设在建筑物内的上部,自上而下供应热水。

2. 下分式 配水干管敷设在建筑物下部,自下而上供应热水。

以上两种布置方式,按照有无循环管道又可分为全循环、半循环和无循环管道的系统形式。

图 1-28 所示的是全循环系统。这种系统的干管、立管均设有循环管,它能保证热水供应的水温。因此,这种系统适用于用水不均匀或要求随时得到一定温度的热水供应系统;半

循环系统是指仅在干管中装设循环管，所以，只能保证干管中的水温达到设计值。图 1-29 所示为下分式循环系统示意图，它的左半部为全循环，右半部为半循环系统。这种系统可以利用最高处的配水龙头排除系统内的空气；无循环系统是指不设循环管的系统，这种系统与室内给水系统基本相同。

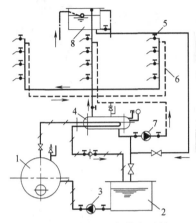

图 1-27　集中热水供应系统

1—蒸汽锅炉　2—凝结水箱　3—水泵　4—加热器
5—配水点　6—循环管　7—循环水泵　8—冷水箱

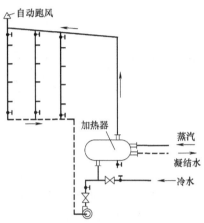

图 1-28　上分式全循环系统示意图

　　按照热水循环的动力，可分为自然循环和机械循环两种。由于自然循环的作用压头很小，仅用在作用半径较小的系统中，在大多数情况下，都采用机械循环系统。

三、室内热水供应管道的布置与敷设

　　室内热水供应管道布置和敷设与室内给水管道基本相同，其敷设方式也分为明装和暗装两种，一般多为明装。

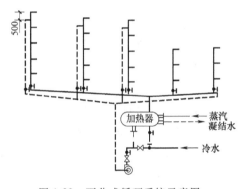

图 1-29　下分式循环系统示意图

　　干管可敷设在地沟内、地下室顶板下、建筑物顶层顶棚下、阁楼里或设备层里。设于地沟内的热水管道，应尽量与其他管道同沟敷设，其地沟断面尺寸与同沟敷设的管道统一考虑确定。热水立管一般明装在卫生间墙角处，如暗装土建工程部分应提供管道竖井。

　　室内热水管道穿过建筑物顶棚、楼板及墙壁时，均应加套管，以免因管道热胀冷缩损坏建筑结构。穿过卫生间或厨房间等有可能积水的地面或楼板时，套管应高出室内地面 20~30mm，以避免地面积水经套管流渗到下层。

　　配水立管始端、回水立管末端及多于三个配水龙头的支管始端均应设置阀门，以便于调节和检修。

　　所有热水横管均应设不小于 0.3% 的坡度，以便排除空气和泄水。管网系统最低点设置泄水阀，最高点应设置排气阀。

　　为避免由于管道的热胀冷缩而损坏管件及管道接口，热水干管应考虑利用自然弯管进行补偿，当直管段的长度比较长时，应考虑加设管道补偿器，立管与干管的连接应加设乙字弯

管，连接方法如图 1-30 所示。

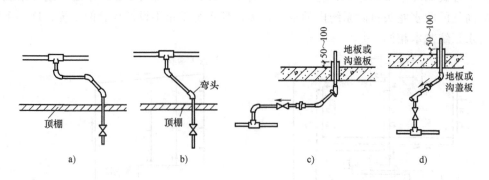

图 1-30　立管与干管的连接方法

热水配水干管、贮水罐及水加热器等均须保温，以减少热损失。常用的保温材料有石棉灰、硅藻土、蛭石、矿渣棉及泡沫混凝土等。保温层厚度应根据管道或设备中热媒温度、环境温度及保温材料的性能确定。管道和设备保温结构的形式很多，应根据当地条件、使用对象及施工技术条件选用，可参照有关标准图集。

四、高层建筑热水供应系统的特点

高层建筑热水供应系统同冷水一样，应采用竖向分区，分区层数和范围应与高层建筑给水系统相同，以便使两个系统的任一用水点的冷、热水压力能相互平衡。

由于高层建筑热水供应系统管路较长，用水量不稳定等特点，因此，宜设置循环系统。循环系统可以采用自然循环或机械循环。

热水供应系统的分区供水，主要有集中加热热水供应和分散加热热水供应两种方式。

（一）集中加热热水供应方式

集中加热热水供应方式如图 1-31 所示，各区热水循环管网自成独立系统，各区的水加热器集中设置在建筑物的底层或地下室，水加热器的冷水来自各区技术层中的水箱，因此，可保持各区的冷、热水压力平衡。各区的水加热器容量或循环水泵的大小，由各区所需热水水量及耗热量确定。

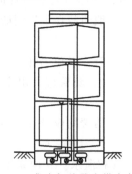

图 1-31　集中加热热水供应方式

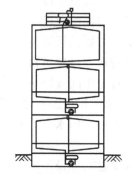

图 1-32　分散加热热水供应方式

管网一般多为上行下给式。此种方式的优点是设备集中设置，便于管理，使用比较安全可靠；其缺点是高区的水加热器承受压力大，因而钢材耗量大，制作安装要求也高，因此，这种方式宜使用在三个分区以下的高层建筑中。

（二）分散加热热水供应方式

分散加热热水供应方式如图 1-32 所示，加热器和循环水泵分别设在各区技术层内，根据建筑物的具体情况，容积式水加热器可设在本区管网的上部或下部。此种方式的优点是容积式水加热器承受的压力小，制造要求低，造价低。其缺点是设备设置分散，管理维修不便。这种方式在大于三个分区的高层建筑中被广泛采用。

高层建筑的洗衣房、厨房等大用水量的设备多设在底层，由于其工作制度与客房有差异，为便于日常管理和控制，底层应设单独的热水供应系统进行供水。

除此之外，对于一般单元式高层建筑、公寓及一些高层建筑物内部局部需用热水的场所，如单个厨房、卫生间等，可使用局部热水供应系统，即用小型煤气加热器、蒸汽加热器、电加热器、炉灶及太阳能加热器等加热自来水。局部热水供应系统，具有系统简单、灵活和维修管理方便等特点。

第七节　建筑排水系统

建筑排水系统的任务是接纳、汇集建筑内各种卫生器具和用水设备排放的污（废）水以及屋面的雨、雪水，并在满足排放要求的条件下，将其排入室外排水管网。

一、排水系统的分类

按所排除的污（废）水的性质，建筑物内部装设的排水管道分成三类。

1. 生活污（废）水系统　人们日常生活中排泄的洗涤水称作生活废水；粪便污水和生活废水总称为生活污水。排除生活污水的管道系统称作生活污水系统。当生活污水需经化粪池处理时，粪便污水宜与生活废水分流；有污水处理厂时，生活废水与粪便污水宜合流排出。含有大量油脂的生活废水分流排出以便处理回收利用。

2. 工业废水系统　生产过程中排出的水，包括生产废水和生产污水。其中生产废水系指未受污染或轻微污染以及水温稍有升高的工业废水（如使用过的冷却水）。生产污水是指被污染的工业废水，还包括水温过高排放后造成热污染的工业废水。工业废水一般均应按排水的性质分流设置管道排出，如冷却水应回收循环使用；洗涤水可回收重复利用。各类生产污水受到污染严重，化学成分复杂，如污水中含有强酸、强碱、氰、铬等对人体有害成分时均应分流，以便回收利用或处理。

3. 雨（雪）水系统　屋面上的雨水和融化的雪水，应由管道系统排除。工业废水如不含有机物，而仅带大量泥沙矿物质时，经机械处理后（如设沉淀池）方可排入非密闭系统的雨水管道。

二、排水系统的组成

建筑排水系统一般由污（废）水受水器、排水管道、通气管、清通设备等组成，如污水需进行处理时，还应有局部水处理构筑物，其组成如图 1-33 所示。

1. 污（废）水受水器　污（废）水受水器系指各种卫生器具、排放工业废水的设备及雨水斗等。

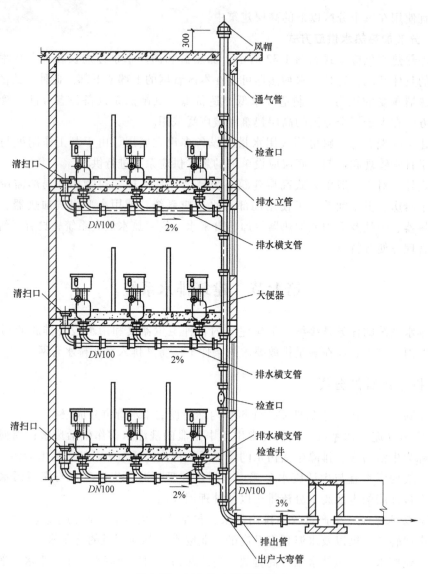

图 1-33　室内排水系统的组成

2. **排水管系统**　排水管系统由器具排出管（指连接卫生器具和排水横支管的短管，除坐式大便器外其间应包括存水弯）、有一定坡度的横支管、立管及埋设在室内地下的总横干管和排至室外的排出管所组成。

3. **通气管系统**　一般层数不多，卫生器具较少的建筑物，仅设排水立管上部延伸出屋顶的通气管；对于层数较多的建筑物或卫生器具设置较多的排水管系统，应设辅助通气管及专用通气管，以使排水系统气流畅通，压力稳定，防止水封破坏，通气管形式如图 1-34 所示。

4. **清通设备**　清通设备指疏通管道用的检查口、清扫口、检查井及带有清通门的 90°弯头或三通接头设备，如图 1-35 所示。

5. **抽升设备**　民用建筑物的地下室、人防建筑物、高层建筑物的地下技术层等地下建筑物内的污水不能自流排至室外时，必须设置抽升设备。常用的抽升设备是水泵，其他还有

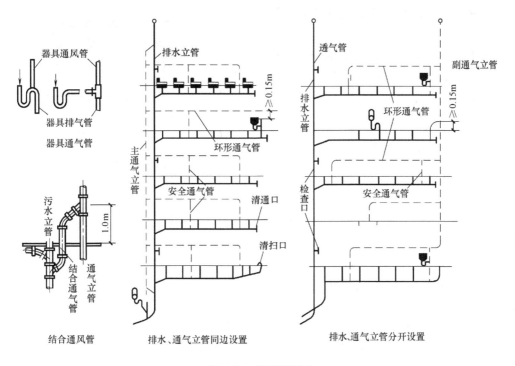

图 1-34　通气管形式

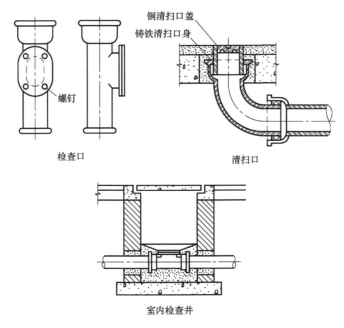

图 1-35　清通设备

气压扬液器、手摇泵和喷射器等。

　　6. 局部污水处理构筑物　室内污水未经处理不允许直接排入室外下水管道或严重危及水体卫生时，必须经过局部处理。化粪池的主要作用是使粪便暂停留沉淀并发酵腐化，污水在上部停留一定时间后排走，沉淀的粪便污泥定期清掏。

化粪池多设在靠近建筑物卫生间及清掏方便的地方，可用砖、石或钢筋混凝土建造，其构造如图1-36所示，化粪池距建筑物外墙不宜小于5m，距地下水取水构筑物不得小于30m。

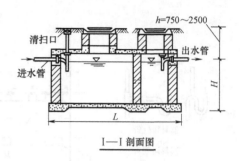

I—I 剖面图

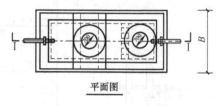

平面图

图1-36　化粪池

三、排水管道的布置与敷设

排水管应以明装为主，这样造价较低且便于清通。只有在卫生和美观要求较高的建筑物中才采用暗装，暗装时，立管一般设在管槽或管井内，或用外装饰掩盖。横管则设在管槽或吊顶内。在有地下室的情况下，应尽量吊在地下室顶板下而避免埋设。当有条件敷设在公共管沟和管廊中时，管廊应能够通行或半通行。

排水立管穿过楼板时，应外加套管，楼板预留孔洞尺寸参见表1-1。

表1-1　排水立管穿过楼板时预留孔洞尺寸　　　　　　　　（单位：mm）

管径（D）	50	75～100	125～150	200～300
孔洞尺寸	100×100	200×200	300×300	400×400

排出管与立管应采用两个45°弯头连接，如图1-37所示。穿越承重墙或基础时，应采取措施防止建筑物下沉压破管道。穿越基础应预留孔洞，其尺寸参见表1-2。

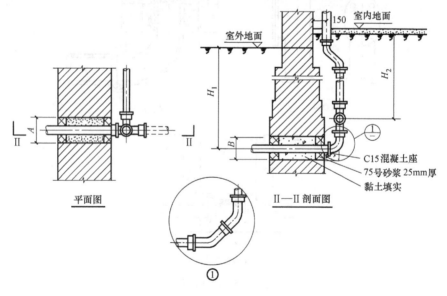

图1-37　排出管通过砖砌基础安装图

排水管道尽量不穿越沉降缝、伸缩缝，以防管道受影响漏水，在必须穿越时应采取如下方法处理：

1. 橡胶软管法　预留管洞，管顶以上距离可留大些（应与土建商定），并用橡胶软管连接缝两侧的管道，如图 1-38 所示。

表 1-2　排出管预留空洞尺寸表　　　　　　　　　　（单位：mm）

管径		100	125	150	200
留洞尺寸	A	300	325	350	400
	B	400	425	450	500
H_1		900~1500			
H_2		600~1200			
H_3		400~1000			

2. 螺纹弯头法　用弯头调节位移，此法适用于小口径的管道，如图 1-39 所示。一般排水管的最小埋置深度应按表 1-3 确定。

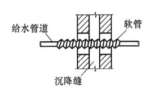

图 1-38　橡胶软管法

图 1-39　螺纹弯管法

表 1-3　排水管最小埋置深度

管　材	地面至管顶的距离/m	
	素土夯实、碎石、砾石、砖地面	水泥、混凝土地面
排水铸铁管	0.7	0.4
混凝土管	0.7	0.5
带釉陶土管	1.0	0.6

注：工业企业生活间和其他不可能受机械损坏的房间内埋深可减到 0.1m。

通气管高出屋面不小于 0.3m，且须大于当地最大积雪厚度。允许人逗留活动的平屋顶通气管应高出屋面 2m。在距通气管 4m 内有门窗时，通气管应高出门窗 0.6m。通气管的确定、安装如图 1-40 所示。

四、屋面雨水排放

屋面雨水的排放方式一般可分为外排水和内排水两种。外排水系统包括檐沟外排水和长天沟外排水。

1. 檐沟外排水（水落管外排水）　雨水通过屋面檐沟汇集后，流水沿外墙设置的水落管排泄至地下管沟或地面明沟，该法多用于一般的居住建筑、屋面面积较小的公共建筑及单跨的工业建筑。水落管多用镀锌铁皮制成，截面为矩形或半圆形，其截面尺寸约为 100mm×80mm 或 120mm×80mm，也可以用铸铁管或石棉水泥管。设置间距，民用建筑为 12~16m；工业建筑为 18~24m，如图 1-41 所示。

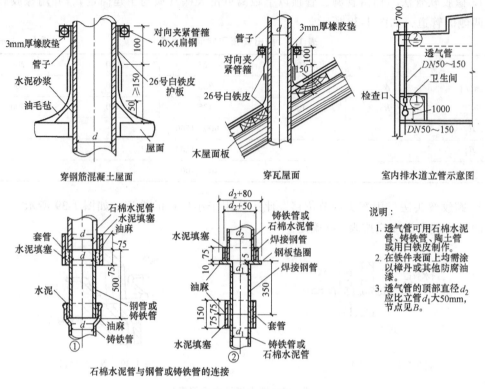

图 1-40 通气管安装

2. 长天沟外排水 利用屋面构造所形成的长天沟本身的容量和坡度，使雨水向建筑物两墙（山墙）方向流动，并经山墙外的排水立管排至地面或雨水管道，如图 1-42 所示。该法常用于多跨的工业厂房中间跨的屋面排水。天沟流水长度以 40~50m 为宜，以伸缩缝为分水岭，最小坡度为 0.3%。

3. 内排水 大屋面面积的工业厂房，大面积的平屋顶建筑，或采用外排水方法有困难的建筑，均应采用内排水。

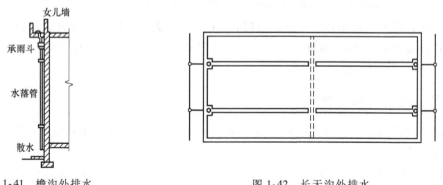

图 1-41 檐沟外排水   图 1-42 长天沟外排水

内排水系统由雨水斗、悬吊管、立管及埋地管组成，如图 1-43 所示。

雨水斗的作用是迅速排除雨水，同时拦阻大杂质。目前我国常用的雨水斗有 65 型（图 1-44）；79 型（图 1-45）和平箅型雨水斗。雨水斗的安装方法如图 1-46 所示。

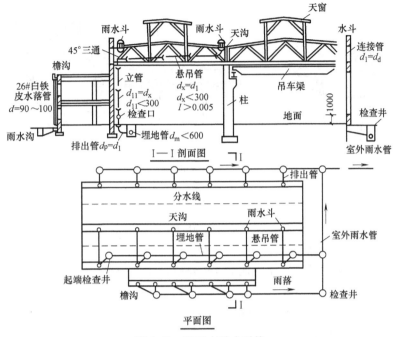

图 1-43　屋面内排水系统

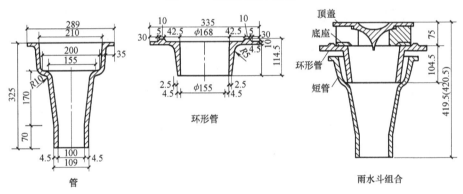

图 1-44　65 型雨水斗

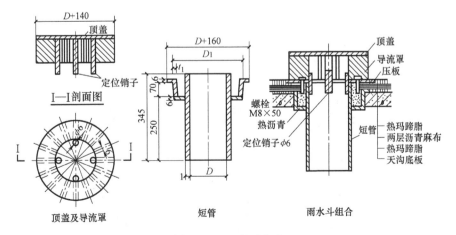

图 1-45　79 型雨水斗

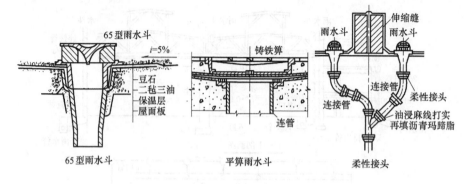

图 1-46　雨水斗的安装

悬吊管常固定在厂房桁架上，坡度不小于0.3%，管径不应小于雨水斗连接管。较长的悬吊管应设置检查口。

立管一般沿墙壁或柱明装，在距地面1m处应设置检查口。立管常用铸铁管，石棉水泥接口。

地下雨水管管径一般不大于600mm，但不得小于立管管径，常采用钢筋混凝土管、陶土管或石棉水泥管。

五、高层建筑排水系统

高层建筑排水立管长，排水量大，立管内气压波动大，因而通气系统设置的优劣对排水的畅通有较大的影响，通常应设环形通气管或专用通气管，如图1-40，其管径一般不小于排水管的1/2。

若采用单立管排水，则多使用苏维脱排水系统，即在立管与横管的连接处设气水混合器（俗称混流器），在立管底部转弯处设气水分离器（俗称跑气器），以保证排水系统的正常工作，如图1-47所示。另有一些特殊的立管配件见表1-4。

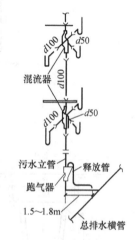

图 1-47　单立管排水系统
混流器和跑气器
安装示意图

高层建筑排水管管材多用高强度铸铁管，国外多用钢管。管道接头应采用弹性较好的材料，并适应抗震要求。立管底部与排出管的连接弯头应采用钢质材料。

表 1-4　特殊立管配件

特殊接头	混合器	旋流器	环流器	环旋器
简图				

（续）

特殊接头	混合器	旋流器	环流器	环旋器
构造特点	1. 乙字管 2. 缝隙 3. 隔板	1. 盖板 2. 叶片 3. 隔板 4. 侧管（污水） 5. 侧管（废水）	1. 内管 2. 扩大室	1. 内管 2. 扩大室
横管接入方式	三向平接入	垂直方向接入	环向正对接入	环向旋切接入

第八节 建筑排水管材、管件及敷设安装

一、建筑排水的管材及管件

室内排水系统的管材主要有排水铸铁管和硬聚氯乙烯塑料管等。

1. 排水铸铁管 排水铸铁管直管长度一般为 1.0～1.5m，管径一般为 50～200mm。排水铸铁管耐腐蚀性能强、强度高、噪声小、抗震、防火、安装方便，特别适用于高层建筑。排水铸铁管连接方式为承插式连接和卡箍式连接。承插式连接常用接口材料有普通水泥接口、石棉水泥接口、膨胀水泥接口等；卡箍式连接采用不锈钢卡箍、橡胶套密封。图 1-48 为常见的几种排水铸铁管管件。

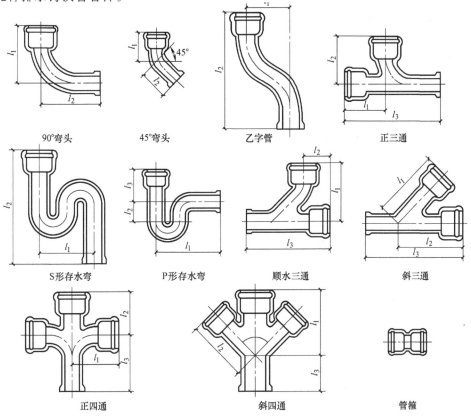

图 1-48 排水铸铁管管件

2. 硬聚氯乙烯塑料管（UPVC）　硬聚氯乙烯塑料管是以聚氯乙烯树脂为主要原料的塑料制品，具有优良的化学稳定性和耐腐蚀性。其主要优点是物理性能好、质轻、管壁光滑、水头损失小、容易加工及施工方便等。缺点是防火性能不好，排水噪声大。

住宅建筑优先选用 UPVC 管材，排放带酸碱性废水的实验楼、教学楼应选 UPVC 管，对防火要求高的建筑物应设置阻火圈或防火套管。硬聚氯乙烯塑料管采用承插粘接的连接方式，常用规格见表1-5。图1-49 为硬聚氯乙烯塑料管连接示意图。

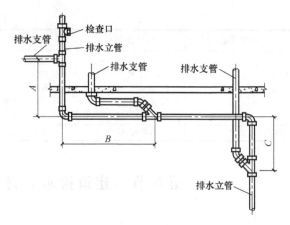

图 1-49　塑料管连接示意图

A—按规范确定　B—不得小于 1.5m

C—不得小于 0.5m

表 1-5　排水塑料管外径与公称直径对照关系

排水塑料管外径/mm	40	50	75	110	160
公称直径/mm	40	50	75	100	150

二、建筑排水系统的安装

1. 室内地下排水管的铺设　室内地下排水管铺设应在土建基础工程基本完成，管沟已按图样需求挖好，位置、标高坡度经检查符合工艺要求；沟基作了相应处理并达到施工强度；基础及过墙穿管的孔洞已按图样的位置、标高和尺寸预留好时进行。

铺设时首先按设计要求确定各管段的位置与标高，在沟内按承口向来水方向排列管材、管件，管材可以截短以适应安装要求，使管线就位；然后预制各管段，并进行防腐处理，下管对接；最后进行注水试验、检查和回填。

2. 室内排水立管的安装　室内排水立管的安装应在地下管道铺设完毕，各立管甩头已按图样要求和有关规定正确就位后进行。首先，自顶层楼地板找出管中心线位置，先打出一个直径20mm 左右的小孔，用线坠向下层楼板吊线，逐层凿打小孔，直至地下排水立管甩头处，定位准确后将小孔扩大（比管子外径大 40～50mm）；然后预制安装，经检查符合要求后，栽立管卡架，固定管道，最后堵塞楼板眼。注意：打楼板眼时不可用大锤，应钻眼成孔，管道安装前应堵好空心板板孔；堵楼板时将模板支严、支平，用细石混凝土灌严实、平整。

3. 室内排水横支管安装　当排水立管安装完毕，立管上横支管分岔口标高、数量、朝向均达到质量要求后，可进行横支管安装。首先修整凿打楼板、穿墙孔洞，再按设计要求（或规范规定）栽牢支架、托架或吊架，找平找正，待砂浆达到强度后安装管道，最后安装卫生器具下穿楼板短管。安装时下料尺寸要准确，严格控制标高和坐标，使其满足各卫生器具的安装要求。

以上工作完成后，即可进行卫生器具的安装。

第九节 卫生器具

卫生器具是用来满足日常生活中洗涤等卫生用水以及收集、排除生产、生活中产生的污水的设备。常用的卫生器具按其用途可分为：便溺用卫生器具、盥洗、沐浴用卫生器具、洗涤用卫生器具等几类，本节将分别介绍各种卫生器具及安装知识。

一、便溺用卫生器具

便溺用卫生器具分为大便器、大便槽、小便器、小便槽等。

（一）大便器

1. 蹲式大便器 蹲式大便器多装设在公共卫生间、家庭、旅馆等一般建筑物内，常见的有高水箱蹲式大便器，自动冲洗阀蹲式大便器等，其构造如图1-50所示。

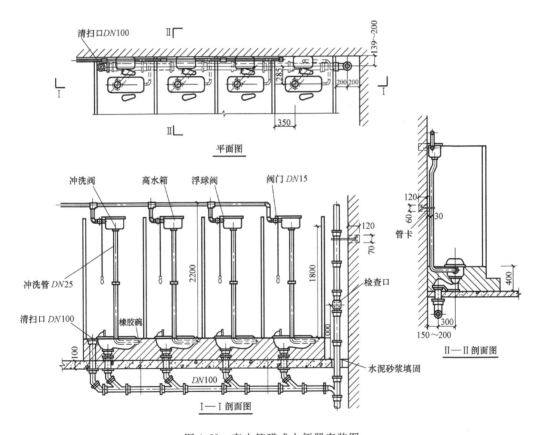

图1-50 高水箱蹲式大便器安装图

大便器的安装应先进行试安装，将大便器试安装在已装好的存水弯上，用红砖在大便器四周临时垫好，核对大便器的安装位置、标高，符合质量要求后，用水泥砂浆砌好垫砖，在大便器周围填入白灰膏拌制的炉渣；再将大便器与存水弯接好，最后用楔形砖挤住大便器，顺序安装冲洗水箱、冲洗管，在大便器周围填入过筛的炉渣并拍实，并按设计要求抹好地面。

2. 坐式大便器　坐式大便器有冲洗式和虹吸式两种，坐式大便器本身构造带有存水弯，排水支管不再设水封装置。坐式大便器冲洗多用低水箱，如图1-51。坐式大便器多装设在家庭、宾馆、饭店等建筑物内。

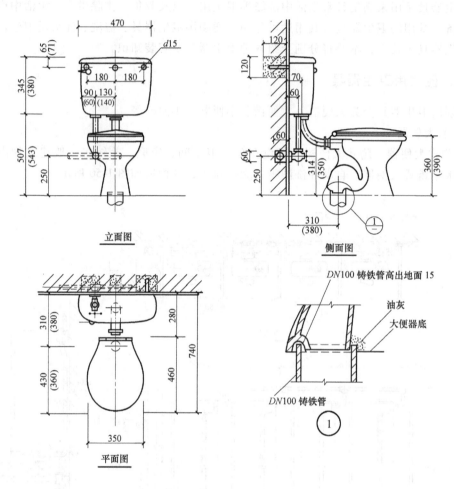

立面图

侧面图

平面图

图 1-51　低水箱坐式大便器安装图

　　坐式大便器及低位水箱应在墙及地面完成后进行安装。先根据水箱及坐式大便器的位置栽设墙木砖和地木砖，木砖表面应和装饰前墙面平齐，待饰面完成后，用木螺钉将水箱和坐便器固定，最后安装管道。

（二）大便槽

　　大便槽用在建筑标准不高的公共建筑（工厂、学校）或城镇公共厕所中。图1-52为大便槽装置，一般槽宽200~250mm，底宽150mm，起端深度为350~400mm，槽底坡度不小于0.15%，大便槽末端做有存水门坎，存水深10~50mm，以使粪便不易粘于槽面而便于冲洗。大便槽多用混凝土制成，排水管及存水弯管径一般为150mm。

（三）小便器

　　小便器装设在公共男厕所中，有立式和挂式两种，图1-53为挂式小便器，图1-54为立式小便器。冲洗设备可采用自动冲洗水箱或阀门冲洗，每只小便器均应设存水弯。

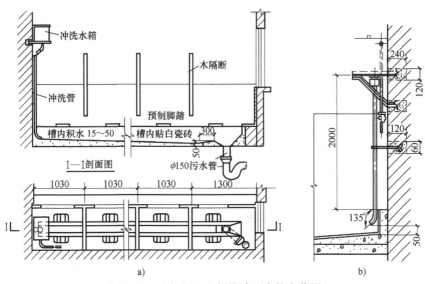

图 1-52　大便槽及大便槽冲洗水箱安装图

a) 大便槽平剖面图　b) 大便槽冲洗水箱安装示意图

小便器安装时，首先放线定位，确定小便器的中心线及中心垂线（挂式小便器），并在墙上钉出螺钉眼位置，然后在墙上凿洞，预栽防腐木砖（或螺栓），木砖面应平整并与砖墙面平齐，且在木砖上小便器螺钉孔中心钉上铁钉，待饰面工程做完后，拔下铁钉将小便器准确固定，最后安装给水和排水管道。

（四）小便槽

小便槽建造简单经济，故在公共建筑、学校及集体宿舍的男厕所中被广泛采用，如图 1-55 所示。

一般小便槽宽 300~400mm，起始端槽深不小于 100mm，槽底坡度不小于 1%，槽外侧有 400mm 的踏步平台，做 1% 坡度坡向槽内，小便槽沿墙 1.3m 高度以下铺砌瓷砖，以防腐蚀。

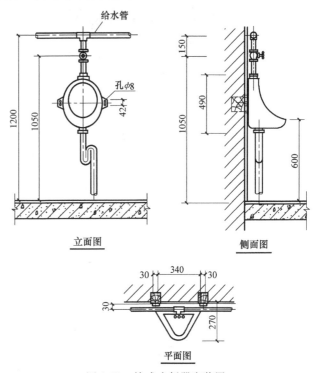

图 1-53　挂式小便器安装图

二、盥洗、沐浴用卫生器具

1. 洗脸盆　洗脸盆装置在盥洗室、浴室、卫生间供洗漱用。洗脸盆大多用带釉陶瓷制成，形状有长方形、半圆形及三角形，架设方式有墙架式和柱架式两种。图 1-56 为单个洗脸盆墙架式安装图。

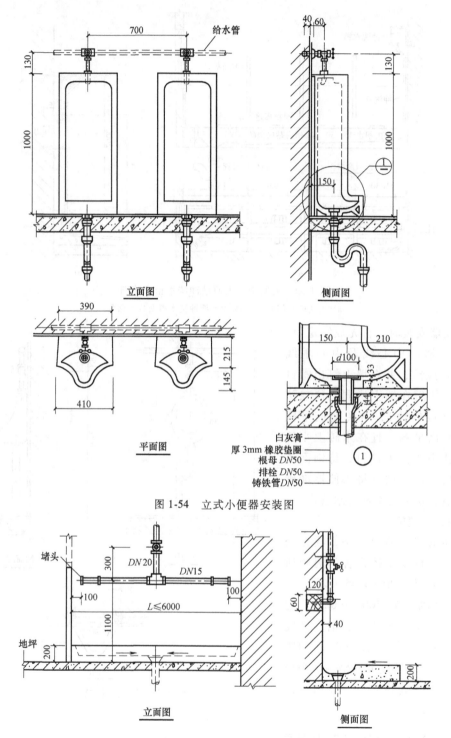

图 1-54 立式小便器安装图

图 1-55 小便槽安装图

安装时应首先确定洗脸盆及支架位置，预栽防腐木砖，待饰面施工完成后安装支架，固定洗脸盆，最后按设计要求安装冷、热水管和排水管道。一般热水管在冷水管上侧，在同一平面上、下平行设置时，冷水管在面对的右侧。

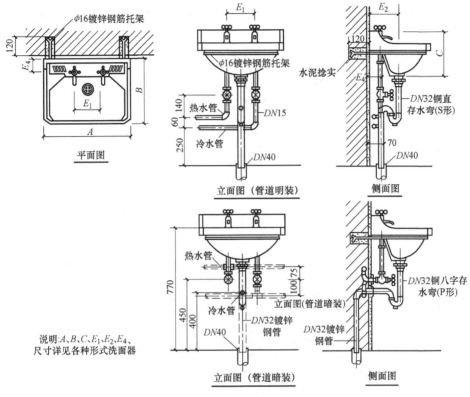

图 1-56　洗脸盆安装图

2. 盥洗槽　盥洗槽大多装设在公共建筑物的盥洗室和工厂生活间内，可做成单面长方形和双面长方形，常用钢筋混凝土水磨石制成，如图 1-57 所示。

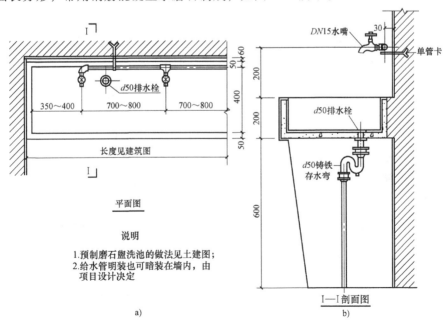

说明

1. 预制磨石盥洗池的做法见土建图；
2. 给水管明装也可暗装在墙内，由项目设计决定

图 1-57　盥洗槽平剖面图
a) 平面图　b) 剖面图

3. 浴盆 浴盆一般用陶瓷、搪瓷、玻璃钢、塑料等制成，外形呈长方形，浴盆安装如图 1-58 所示。

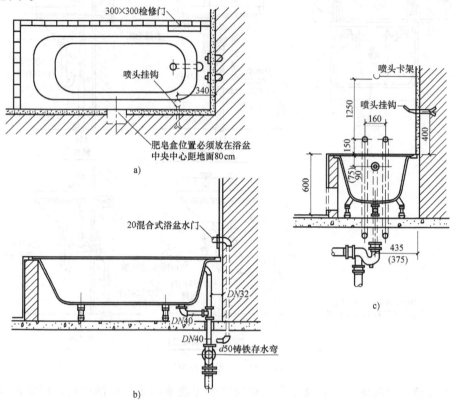

图 1-58 浴盆安装图

a）平面图 b）立面图 c）侧面图

4. 淋浴器 淋浴器与浴盆比较，有较多的优点，占地少，造价低，清洁卫生，常见形式有单管和双管两种，广泛应用在工厂生活间，机关、学校的浴室中，图 1-59 为双管淋浴器安装图。

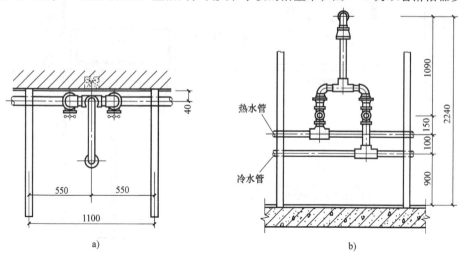

图 1-59 双管淋浴器安装图

a）平面图 b）立面图

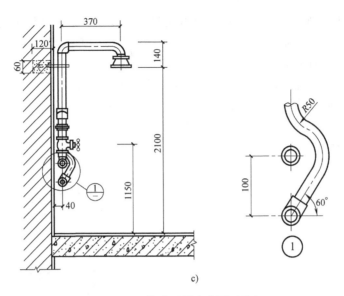

图 1-59　双管淋浴器安装图（续）

c）侧面图

三、洗涤用卫生器具

洗涤用卫生器具供人们洗涤之用，主要有污水盆、洗涤盆、化验盆等。洗涤盆的安装图如图 1-60 所示。

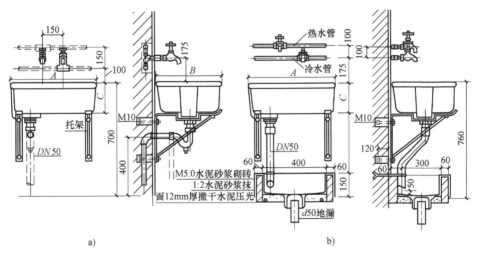

图 1-60　洗涤盆安装图

a）管道暗装　b）管道明装带污水盆

四、地漏及存水弯

1. 地漏　在卫生间、浴室、洗衣房及工厂车间内，为了便于排除地面积水，须设置地漏，如图 1-61 所示。

地漏一般为铸铁制成，本身带有存水弯。地漏装在地面最低处，室内地面应有不小于

1%的坡度坡向地漏。现浇楼板应准确预留出地漏的安装孔洞，预制楼板凿打孔洞，将地漏按要求安装在孔洞中后，进行打口涂抹，然后在孔洞中均匀灌入细石子混凝土并仔细捣实，灌至地漏上沿向下30mm处，以便地面施工时统一处理。

2. 存水弯 排水管排出的生活污水中，含有较多的污物，污物腐化会产生恶臭且有害的气体，为防止排水管道中的气体侵入室内，在排水系统中需设存水弯。存水弯的形状有 P 形弯、S 形弯、U 形弯、瓶形、钟罩形、间壁形等多种形式，如图 1-62 所示。实际工程中应根据安装条件选择使用。

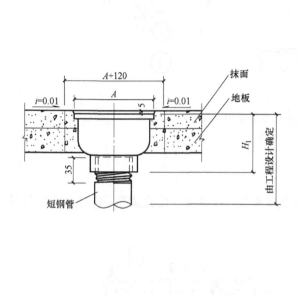

图 1-61 地漏安装图

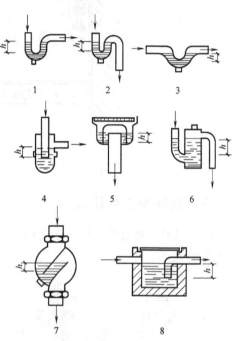

图 1-62 各种形状存水弯
1—P 形弯 2—S 形弯 3—U 形弯 4—瓶形
5—钟罩形 6—筒形 7—间壁形 8—水封形

第十节 建筑给水排水施工图

建筑给水排水施工图是给水排水施工的最重要依据，施工单位应严格按照施工图施工。如施工图和现场情况不符，确实需要进行变更时，应事先征得设计单位同意，由设计单位下发设计变更通知单，或重新出图。

建筑给水排水施工图主要反映引入管至用水设备的给水管道和卫生器具至排出管的排水管道及相应设备的平面布置、管道尺寸、管道材质、连接方式、敷设方式等。

给水排水施工图由平面图、系统图、详图、设备材料表、设计说明等部分组成。

一、图纸基本内容

1. 平面图 平面图是施工图的主要部分，平面图可反映下列内容：
（1）建筑的平面布置情况，给水排水点位置。

（2）给排水设备、卫生器具的类型、平面位置、污水构筑物位置和尺寸。

（3）引入管、干管、立管、支管的平面位置，走向、规格、编号、连接方式等。

（4）管道附件（阀门、水表、喷头、消火栓、报警阀、水流指示器）的平面位置、规格、种类、敷设方式等。

2. 系统图 系统图主要表明管道空间走向，反映如下内容：

（1）引入管、干管、立管、支管等给水管空间走向。

（2）排水支管、排水横管、排水立管、排出管空间走向。

（3）各种给水排水设备接管情况，标高、连接方式。

3. 详图 对于系统中的某些部位，如结构相对复杂，在平面和系统图上无法反映清楚，应单出详图，供施工单位使用。

4. 设计施工说明 凡是不能以图的形式表达清楚的内容，需单出设计施工说明，设计施工说明包括下述内容：

（1）管道的材料及连接方式。

（2）管道的防腐、保温方法。

（3）给水排水设备类型及安装方式。

（4）遵照的施工验收规范及标准图集。

5. 设备材料表 对于施工过程中用到的主要材料和设备应单列明细表，标明材料、设备的名称、规格数量，施工人员可参考此表，但施工过程中应在此表基础上做更为详细的施工预算。

二、给水排水施工图的识读

现以某三层办公楼给水排水工程为例，介绍识读建筑给水排水施工图的方法。

1. 熟悉图纸目录，了解设计说明，明确设计要求 设计说明可以写在平面图或系统图上，也可以单独成图作为整套施工图的首页，详见图1-63设计说明部分。

2. 将给水排水平面图和系统图对照识读 建筑给水排水施工图的主要图纸是平面图和系统轴测图，识读时必须将平面图和系统图对照起来看，明确管道、附件、器具、设备的空间位置关系。具体识读方法应以系统为识读对象，沿水流方向看图。给水管道：引入管→干管→立管→支管→用水设备或卫生器具进水接头（或水龙头）；排水管道：器具排水管→排水横支管→排水立管→排水干管→排出管。

如图1-64所示，结合图1-63可知，该办公楼给水系统只有一个，即J/1系统；排水系统分两个：P/1、P/2。一层设有一个卫生间，卫生间内有一个洗脸盆、一个拖布池、一个坐式大便器和一个地漏，并设有给水立管JL-1、JL-2，排水立管PL-1、PL-2，底层给水由给水立管JL-1提供，污水由P/2系统单独排出。

如图1-65所示，结合图1-63可知，二层也设有一个卫生间，卫生间内有一个洗脸盆、一个拖布池、一个坐式大便器和一个地漏（与一层卫生间在同一位置），给水和排水共用一根立管。

如图1-66所示，结合图1-63可知，三层有两个卫生间，一个卫生间位置和卫生器具与一、二层相同，另一个卫生间设有一个坐式大便器、一个洗脸盆、一个地漏和一个整体浴房，给水由给水立管JL-2提供，污水由P/1系统排出。

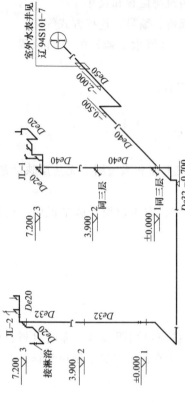

给水系统图

排水系统图

给水排水设计说明

一 设计依据：现行《建筑给水排水设计规范》GB50015。
现行《建筑设计防火规范》GB50016。
现行《建筑灭火器配置设计规范》GB50140。
建筑专业提供的有关条件图及专业，市有关节水的文件等。

二 供水方式为下行上供。生活给水同时出流概率，设计秒流量及入口所需压力为：
$q=1.95L/s, H=0.22Pa$。
生活给水管道在交付使用前必须冲洗和消毒，符合国家《生活饮用水标准》方可使用。
给水管道系统试验压力为0.6MPa。给水系统在试验压力1h，压力降不得超过0.05MPa，然后在0.25MPa状态下稳压2h，压力降不得超过0.03MPa，同时检查和连接处不得渗漏。

三 给水管及管件采用PPR管材及管件。面层内管采用热熔连接，管道穿楼板、墙处做做钢套管、墙处做做钢套管，热熔连接，管道穿楼板、墙处做做钢套管，面层内管道完管段上管线位置。给水管耐压为1.0MPa的管件的截止阀和闸球阀。阀门采用给水管的产品说明书进行，墙处做做钢套管，面层内管道完管段后，在地面涂上管线位置。给水管穿基础内外墙，楼板见辽2002S302-38、39。

四 排水管采用UPVC排水管，安装按《建筑排水硬质聚氯乙烯管道工程技术规程》CJJ/T29-98及辽省辽2002S302施工。通气管出屋面700mm。
及辽省辽立管每层在处设置伸缩节，见辽2002S303-16、20。

五 卫生设备安装
1 坐便见辽94S301-43；2 50mm水封两用地漏见辽94S201-4；
洗脸盆下配水见辽94S301-17；4 污水池见辽94S301-10(甲)；

六 隐蔽敷地埋的排水管在隐蔽前必须做灌水试验。其灌水高度应不低于底层卫生器具的上边缘或底层地面高度。

七 排水主立管及水平干管道均应做通球试验。通球球径不得小于排水管道管径的2/3，通球率必须达到100%。

八 中危险级，手提式磷酸铵盐干粉灭火器每处2具每处2具，每处每处2具5kg,3A。

九 中危险级，手提式磷酸铵盐干粉灭火器见现行《建筑灭火器配置设计规范》GB50140。

十 图中除标高外均以mm计，给水管道标高以管中心计，排水管道标高以管内底计。
具体事宜见现行GB50242《建筑给水排水及采暖工程施工质量验收规范》及有关的规范、规程的规定执行。

十一 未尽事宜，请按现行《建筑给水排水及采暖工程施工质量验收规范》及有关的规范、规程的规定执行。

图 1-63　设计说明、给水系统图、排水系统图

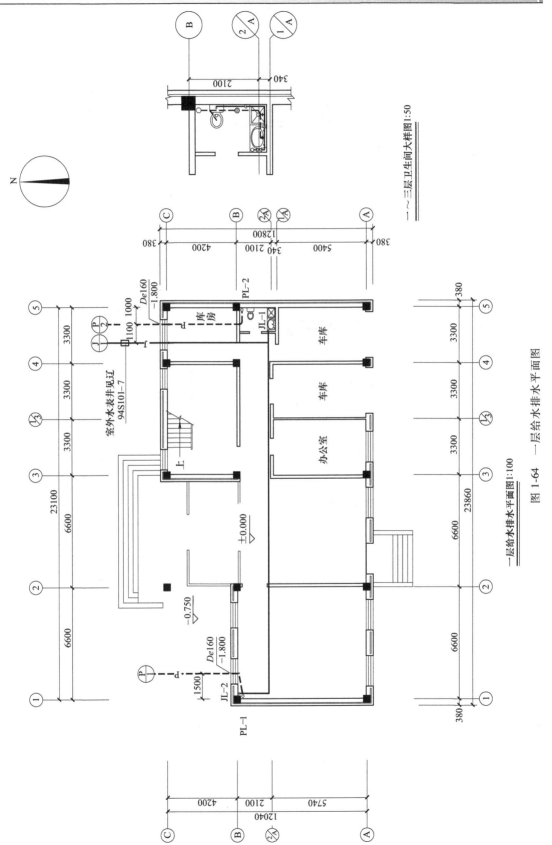

一～三层卫生间大样图1:50

一层给水排水平面图1:100

图1-64　一层给水排水平面图

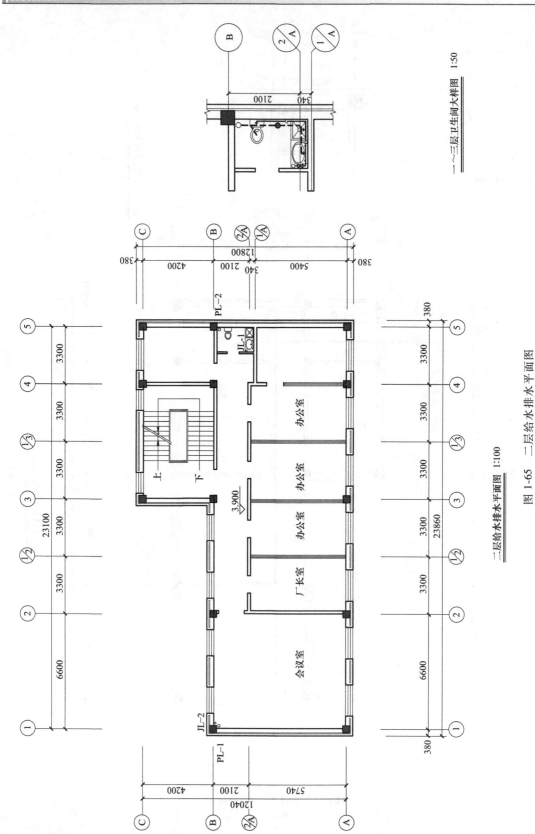

一~三层卫生间大样图 1:50

二层给水排水平面图 1:100

二层给水排水平面图

图 1-65 二层给水排水平面图

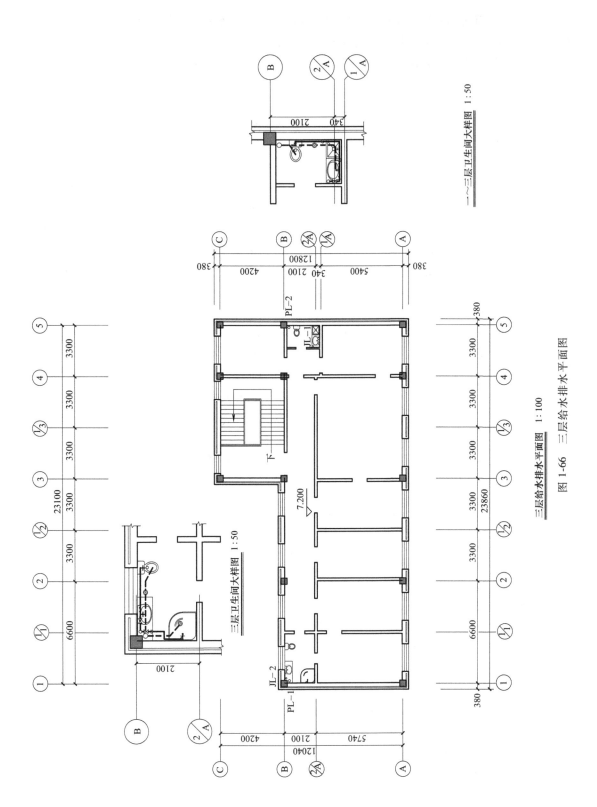

一~三层卫生间大样图 1:50

三层给水排水平面图 1:100

三层卫生间大样图 1:50

三层给水排水平面图

图 1-66 三层给水排水平面图

3. 结合平面图、系统图及设计说明识读详图 室内给水排水详图包括节点图、大样图、标准图，主要是管道节点、水表、消火栓、水加热器、卫生器具、套管、开水炉、排水设备、管道支架的安装图及卫生间大样图等，图中须注明详细尺寸，供安装时直接使用。

小　　结

建筑给水排水系统由两大部分组成：建筑给水系统和建筑排水系统。

建筑给水系统按用途分为三类：生活给水系统、生产给水系统和消防给水系统。

建筑给水系统是由引入管、水表节点、管道系统、用水设备、给水附件、升压和储水设备、消防设备等组成。本章主要介绍建筑给水系统的供水方式，给水系统的工作原理，给水管道管材的选择，各种管件和附属配件的用途及设置要求。

建筑消防给水系统分为室内消火栓灭火系统、闭式自动喷水灭火系统、开式自动喷水灭火系统。本章主要介绍各种消防给水系统的组成、工作原理和布置要求。

热水供应系统，按供应范围分为局部热水供应系统、集中热水供应系统和区域热水供应系统。本章主要介绍室内热水供应系统的组成及工作原理，室内热水供应系统的供水方式及热水供应管道的布置与辐射要求。

建筑排水系统分为生活污（废）水系统、工业废水系统和雨（雪）水系统。本章主要介绍排水系统的组成，工作原理，排水管道的布置与敷设要求；排水管道常见管材及排水管件的选择及排水管道的安装敷设要求。

卫生器具是用来满足日常生活中洗涤等卫生用水以及收集、排除生产、生活中产生污水的设备。按用途分为便溺用卫生器具、盥洗、沐浴用卫生器具、洗涤用卫生器具等。本章主要介绍各种卫生器具的用途、工作原理、布置安装要求。

建筑给水排水施工图由平面图、系统图、详图、设备材料表、设计说明等组成。本章主要介绍各部分施工图的绘制内容，识读施工图的方法及通用图例的表示方法。

复习思考题

1. 给水系统常用管材有哪些？

2. 排水系统常用管材有哪些？

3. 变频调速给水系统的组成及原理是什么？

4. 消火栓灭火系统的构成。

5. 自动喷淋灭火系统的电气自控工作原理。

6. 给水系统常用阀门有哪些？

7. 室外给水管道直埋敷设如何防腐？

8. 高层建筑给水系统如何分区处理？

9. 高层建筑排水系统形式及防噪声措施？

10. 如何选择给水系统水泵？

11. 建筑给水系统由哪几部分组成？

12. 建筑给水系统有几种供水方式？各用于什么条件下？

第二章

建筑采暖与集中供热

学习目标： 通过本章学习，掌握建筑采暖与集中供热的基本概念；掌握建筑采暖系统的组成、分类及工作原理；掌握建筑采暖系统附属设备的类型、构造，布置要求及安装特点；掌握建筑采暖施工图的组成与识读方法；了解锅炉与锅炉房设备的组成及锅炉房对土建的要求；了解室外供热管网的布置及敷设方式；了解热力引入口及换热站设备组成及对土建的要求；能识读简单的锅炉房及换热站施工图及工艺流程。

第一节　集中供热与采暖的基本概念

一、集中供热系统的组成及分类

所谓集中供热是指由一个或几个热源通过热网向一个区域乃至一个城市的各个热用户供热的方式。集中供热系统是由生产或制备热能的热源，输送热能的管网及消耗或使用热能的热用户三大部分组成。

集中供热系统按规模不同，分为分散单户供热系统、区域锅炉房供热系统和热电厂供热系统；按热媒不同，分为热水供热系统和蒸汽供热系统。用以传递热量的媒介物质即为热媒。

目前，应用最广泛的集中供热系统主要有区域锅炉房供热系统和热电厂供热系统。

（一）区域热水锅炉房供热系统

以热水为热媒的集中供热系统，如图 2-1 所示，它利用循环水泵 2 使水在系统中循环，水在热水锅炉 1 中被加热到所需温度，然后经供水干管输送到采暖系统和生活用热水系统，循环水被冷却后又沿回水管返回锅炉。补水处理装置 6 的作用是对水进行净化、除氧和软化处理，使水变成软水后，通过补水泵 5 补充系统的失水。

此系统多用于采暖用户占主导的住宅小区。

（二）区域蒸汽锅炉房供热系统

图 2-2 为设置蒸汽锅炉的区域

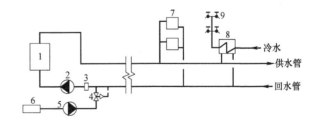

图 2-1　区域热水锅炉房供热系统

1—热水锅炉　2—循环水泵　3—除污器　4—压力调节器　5—补水泵
6—补水处理装置　7—采暖散热器　8—生活热水加热器　9—水龙头

锅炉房供热系统，蒸汽锅炉生产的蒸汽，通过蒸汽管道输送至采暖、通风、热水供应等用户，蒸汽凝结放热变成凝结水后，再通过凝结水管道返回锅炉房的凝结水箱，由凝结水泵升压后返回锅炉。该种系统既能供蒸汽又能供热水；既能供应工业生产用户，又能供应采暖、通风和生活等不同的用户。

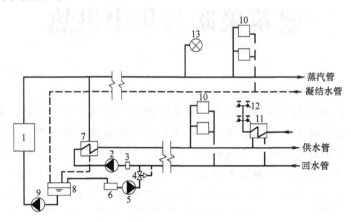

图 2-2　区域蒸汽锅炉房供热系统

1—热水锅炉　2—循环水泵　3—除污器　4—压力调节器　5—补水泵
6—补水处理装置　7—热网水加热器　8—凝结水箱　9—锅炉给水泵
10—采暖散热器　11—生活热水加热器　12—水龙头　13—用汽设备

（三）热电厂供热系统

热电厂作为热源，电能和热能联合生产的集中供热系统，适用于生产热负荷稳定的区域供热，根据其汽轮机组的不同，有抽汽式、背压式和凝汽式等不同形式的供热系统。

图 2-3 为安装背压式汽轮发电机组的热、电联合生产的热电厂供热系统。锅炉产生的高压、高温蒸汽进入背压式汽轮机，推动汽轮机转子高速旋转，带动发电机发电供给电网。蒸汽减压后排出汽轮机进入供热系统，供蒸汽用户或经换热设备换热给热水用户。当热电厂供热系统的汽轮发电机组装有可调节的抽汽口，并可以根据热用户的需要抽出不同参数的蒸汽供应用户时，此供热系统为抽汽式供热系统。

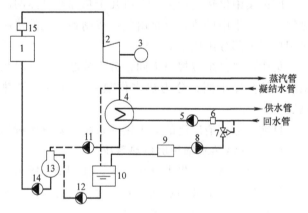

图 2-3　背压式热电厂供热系统

1—热水锅炉　2—汽轮机　3—发电机　4—冷凝器　5—循环水泵
6—除污器　7—压力调节器　8—补水泵　9—水处理装置
10—凝结水箱　11、12—凝结水泵　13—除氧器
14—锅炉给水泵　15—过滤器

二、采暖、采暖系统及分类

（一）采暖的概念

所谓采暖就是根据热平衡原理，在冬季以一定的方式向房间补充热量，以维持人们日常

生活、工作和生产活动所需要的环境温度。为此，通常需要设置由产热设备（如锅炉、换热器等）、输热管道与散热器等三个基本部分组成的采暖系统。

采暖用户是集中供热系统用户的一种。

（二）采暖系统的分类

1. **按热媒种类划分**　据采暖系统使用热媒的不同，可分成热水采暖、蒸汽采暖、热风采暖及烟气采暖。

（1）热水采暖。以热水作为热媒，一般认为，凡温度低于100℃的水称为低温水；高于100℃的水称为高温水。低温水采暖系统，供回水设计计算温度通常为70~95℃；高温水采暖系统的供水温度，我国目前大多不超过130~150℃，回水温度多为70℃。低温热水采暖系统在工程实际中应用最为广泛。

（2）蒸汽采暖。以水蒸气作为热媒，按蒸汽压力不同可分为低压蒸汽采暖，表压力低于或等于70kPa；高压蒸汽采暖，表压力高于70kPa；真空蒸汽采暖，压力低于大气压强。

（3）热风采暖。以热空气作为热媒，即把空气加热到适当的温度（一般为35~50℃）直接送入房间。例如暖风机、热风幕就是热风采暖的典型设备。

（4）烟气采暖。它是直接利用燃料在燃烧时所产生的高温烟气，在流动过程中向房间散出热量，以满足采暖要求。如火炉、火墙、火炕等形式都属于这一类。

2. **根据采暖系统服务的区域划分**

（1）集中采暖。热源和散热设备分别设置，由热源通过管道向几个建筑物供给热量的采暖方式。

（2）全面采暖。为使整个房间保持一定温度要求而设置的采暖方式。

（3）局部采暖。为使局部区域或工作地点保持一定温度要求而设置的采暖方式。

3. **按采暖时间划分**

（1）连续采暖。对于全天使用的建筑物，为使其室内平均温度全天均能达到设计温度的采暖方式。

（2）间歇采暖。对于非全天使用的建筑物，仅使室内平均温度在使用时间内达到设计温度，而在非使用时间内可自然降温的采暖方式。

（3）值班采暖。在非工作时间或中断使用的时间内，为使建筑物保持最低室温要求（以免冻结）而设置的采暖方式。

另外还可按散热器的散热方式、热源的种类及室内系统的形式加以分类，这里就不一一介绍了。

第二节　热水采暖系统

热水采暖系统按照循环动力可分为自然循环热水采暖系统和机械循环热水采暖系统。

一、自然循环热水采暖系统

（一）自然循环热水采暖系统的工作原理

如图2-4所示，自然循环热水采暖系统由热水锅炉、散热器、供水管路、回水管路和膨胀水箱组成。膨胀水箱设在系统最高处，以容纳系统水受热后膨胀的体积，并排除系统中的气体。系统充水后，水在锅炉中被加热，水温升高而密度变小，沿供水干管上升流入散热器，在散热器中放热后，水温降低密度增加，沿回水管流回加热设备再次加热。水连续不断地在流动中被加热和散热。这种仅依靠供回水密度差产生动力而循环流动的采暖系统称作自然（或重力）循环热水采暖系统。

（二）自然循环热水采暖系统的形式及作用压力

图 2-5a、b 所示是自然循环热水采暖系统的两种主要形式。该系统供水干管应顺水流方向设下降坡度，坡度值为 0.5%~1.0%。散热器支管也应沿水流方向设下降坡度，坡度值为 1%，以便空气能逆着水流方向上升，汇集到供水干管最高处设置的膨胀水箱排除。回水干管应该有向锅炉方向下降的坡度，以便于系统停止运行或检修时能通过回水干管顺利泄水。

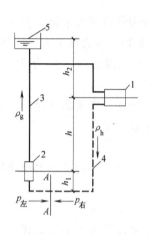

图 2-4 自然循环热水采暖系
统工作原理图

1—散热器 2—热水锅炉 3—供水管路
4—回水管路 5—膨胀水箱

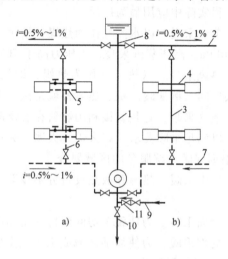

图 2-5 自然循环热水采暖系统

a）双管上供下回式采暖系统 b）单管上
供下回式（顺流式）采暖系统

1—总立管 2—供水干管 3—供水立管 4—散热器供
水支管 5—散热器回水支管 6—回水立管 7—回水
干管 8—膨胀水箱连接管 9—充水管（接上水管）
10—泄水管（接下水道） 11—止回阀

如图 2-4 所示，假想回水管路的最低点断面 A—A 处有一阀门，若阀门突然关闭，A—A 断面两侧会受到不同的水柱压力，两侧的水柱压力差就是推动水在系统中循环流动的自然循环作用压力。

A—A 断面两侧的水柱压力分别为

$$p_{左} = g(h_1\rho_h + h\rho_g + h_2\rho_g)$$
$$p_{右} = g(h_1\rho_h + h\rho_h + h_2\rho_g)$$

系统的循环作用压力为

$$\Delta p = p_{右} - p_{左} = gh(\rho_h - \rho_g)$$

式中　Δp——自然循环采暖系统的作用压力（Pa）；

　　　g——重力加速度（m/s²）；

　　　h——加热中心至冷却中心的垂直距离（m）；

ρ_h——回水密度（kg/m³）；

ρ_g——供水密度（kg/m³）。

从上式中可以看出，自然循环作用压力的大小与供、回水的密度差和加热中心与散热器中心的垂直距离有关。当供、回水温度一定时，为了提高采暖系统的循环作用压力，锅炉的位置应尽可能降低。为此，自然循环采暖系统的作用压力一般都不大，作用半径不超过50m。

二、机械循环热水采暖系统

机械循环热水采暖系统是依靠水泵提供的动力使热水流动循环的采暖系统。它的作用压力比自然循环采暖系统大得多，所需管径小，采暖系统形式多样，供热半径大。

（一）机械循环热水采暖系统的组成

如图2-6所示，采暖系统由热水锅炉、供水管路、散热器、集气罐、回水管路等组成。它同自然循环采暖系统比较有如下一些特点：

1. 循环动力不同 机械循环以水泵作循环动力，属于强制流动。

2. 膨胀水箱同系统连接点不同 机械循环采暖系统膨胀管连接在循环水泵吸入口一侧的回水干管上，而自然循环采暖系统多连接在热源的出口供水立管顶端。

3. 排气方法不同 机械循环采暖系统大多利用专门的排气装置（如集气罐）排气，例如上供下回式采暖系统，供水水平干管有沿着水流方向逐渐上升的坡度（俗称"抬头走"坡度值多为0.3%），在最高点设排气装置，如图2-6所示。

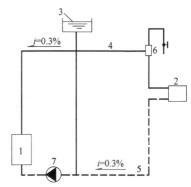

图2-6 机械循环热水采暖系统工作原理
1—热水锅炉 2—散热器 3—膨胀水箱 4—供水管路 5—回水管路 6—集气罐 7—循环水泵

（二）机械循环热水采暖系统的形式

采暖系统的形式种类繁多，在此仅介绍几种常见形式。

1. 上供下回式采暖系统（图2-7） 该系统供水干管敷设在所有散热器之上（多在顶层天棚下面），水流沿着立管自上而下流过散热器，回水干管设于底层的暖气沟或地下室中。图2-7a为单管顺序式采暖系统；图2-7b为供水支管加三通阀的单管采暖系统。

该系统在工程实际中应用较广泛。

2. 下供下回式采暖系统（图2-8）该系统供水干管和回水干管均敷设于底层散热器的下面，由于系统干管均敷设于地沟内，其系统的安装可以配合土建施工进度进行。系统适用于平屋顶而顶层天棚下又难以布置管道

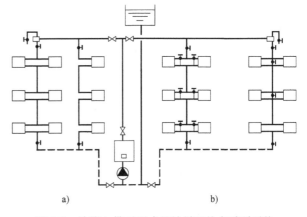

a)   b)

图2-7 单管上供下回式机械循环热水采暖系统
a）单管顺序式采暖系统 b）供水支管加三通阀的单管采暖系统

的建筑物。

3. 下供上回式采暖系统（图2-9） 供水干管在下，回水干管在上，水在立管中自下而上流动，故亦称作倒流式采暖系统。该系统适用于高温热水采暖系统，可以有效避免高温水汽化问题。

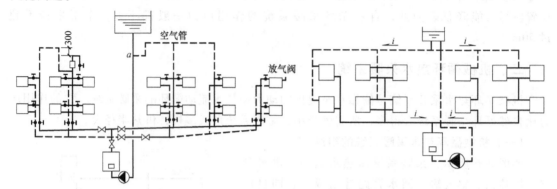

图 2-8　双管下供下回式机械循环热水采暖系统　　图 2-9　下供上回式热水采暖系统

4. 水平式采暖系统（图2-10） 水平支管采暖系统构造简单，施工简便，节省管材，穿楼板次数少。

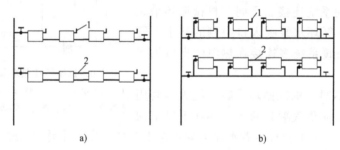

图 2-10　水平式单管采暖系统

a）水平单管顺流式采暖系统　b）水平单管跨越采暖系统

1—放气阀　2—空气管

5. 分户计量热水采暖系统 采暖分户计量是供暖节能的重要手段之一，就像水表、电表、煤气表一样按户安装热量表。

热量表是用于测量及显示水流经热交换系统所释放或吸收热量的仪表。热量表是安装在热交换回路的入口或出口，用以对采暖设施中的热耗进行准确计量及收费控制的智能型热量表。热量表由流量传感器（即流量计）、温度传感器和热能积算仪（也称积分仪）三部分组成。其工作原理是将一对温度传感器分别安装在通过载热流体的上行管和下行管上，流量计安装在流体入口或回流管上（流量计安装的位置不同，最终的测量结果也不同），流量计发出与流量成正比的脉冲信号，一对温度传感器给出表示温度高低的模拟信号，而积算仪采集来自流量和温度传感器的信号，利用积算公式算出热交换系统获得的热量。将传感器和积分仪分开安装的热量表，称为分体式热量表。组合在一起的热量表，称为一体式热量表，如图2-11所示。热量表根据结构和原理不同有机械式、超声波式、电磁式热量表等。

室内采暖系统可布置成水平单管串联采暖系统，如图2-12a所示，该系统竖向无立管，不影响墙面装修，但不能分室控温，每组散热器须设排气阀；图2-12b为水平单管跨越采暖系统，可以实现分室控温；图2-12c为章鱼式采暖系统，管线埋地敷设，不影响室内装修，较美观，可以实现分室控温，调节性也优于单管采暖系统，管材宜采用交联聚乙烯、聚丁烯或铝塑复合管等。

（三）高层建筑采暖常用的形式

在高层建筑采暖系统设计中，一般其高度超过50m，建筑采暖系统的静水压力较大。由于建筑物层数较多，垂直失调问题也会很严重。宜采用的管路布置形式有下面几种：

1. 竖向分区采暖系统　高层建筑热水采暖系统在垂直方向上分成两个或两个以上的独立系统称为竖向分区式采暖系统，如图2-13、图2-14所示。

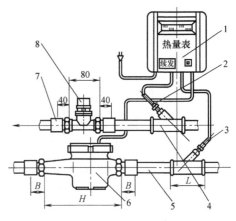

图 2-11　热量表

1—积算仪　2—进水温度传感器　3—回水温度传感器
4—斜三通　5—热力管道　6—流量传感器
7—管箍　8—温控阀

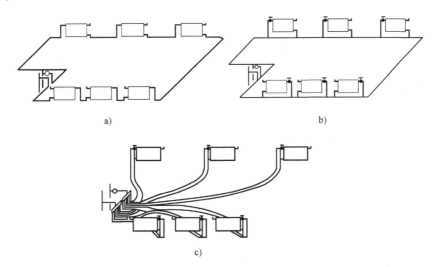

a)　　　　　　　　　　b)

c)

图 2-12　可分户计量的采暖系统

a）水平单管串联采暖系统　b）水平单管跨越采暖系统　c）章鱼式采暖系统
注：图中○为热量表，阀门为温控阀

竖向分区采暖系统的低区通常直接与室外管网相连，高区与外网的连接形式主要有两种：

1）设热交换器的分区式采暖系统（图2-13）。该系统的高区水与外网水通过热交换器进行热量交换，热交换器作为高区热源，高区又设有水泵、膨胀水箱，使之成为一个与室外管网压力隔绝的、独立的完整系统。该方式是目前高层建筑采暖系统常用的一种形式，适用于外网是高温水的采暖系统。

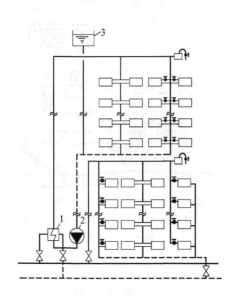

图 2-13　设热交换器的分区
式热水采暖系统

1—热交换器　2—循环水泵　3—膨胀水箱

图 2-14　双水箱分区式热水采暖系统
1—加压水泵　2—回水箱　3—进水箱　4—进水箱溢流管
5—信号管　6—回水箱溢流管

2）设双水箱的分区式采暖系统（图2-14）。该系统将外网水直接引入高区，当外网压力低于该高层建筑的静水压力时，可在供水管上设加压水泵，使水进入高区上部的进水箱。高区的回水箱设溢流管与外网回水管相连，利用进水箱与回水箱之间的水位差 h 克服高区阻力，使水在高区内自然循环流动。该系统适用于外网是低温水的采暖系统。

2. 双线式采暖系统　高层建筑的双线式采暖系统有垂直双线单管式采暖系统（图2-15）和水平双线单管式采暖系统（图2-16）。

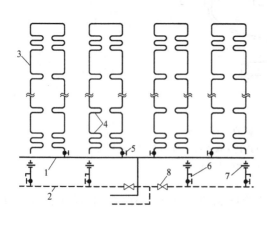

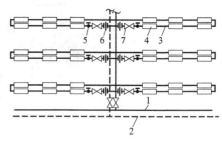

图 2-15　垂直双线单管式采暖系统
1—供水干管　2—回水干管　3—双线立管
4—散热器或加热盘管　5—截止阀
6—排气阀　7—节流孔板　8—调节阀

图 2-16　水平双线单管式采暖系统
1—供水干管　2—回水干管　3—双线水
平管　4—散热器　5—截止阀
6—节流孔板　7—调节阀

双线式单管采暖系统是由垂直或水平的"∩"形单管连接而成的。散热设备通常采用承压能力较高的蛇形管或辐射板。

垂直双线式采暖系统，散热器立管是由上升立管和下降立管组成，各层散热器的热媒平均温度近似相同，这有利于避免垂直方向的热力失调。但由于各立管阻力较小，易引起水平方向的热力失调，可考虑在每根回水立管末端设置节流孔板以增大立管阻力，或采用同程式采暖系统减轻水平失调现象。

水平双线采暖系统，水平方向的各组散热器内热媒平均温度近似相同，可避免水平失调问题，但容易出现垂直失调现象，可在每层供水管线上设置调节阀进行分层流量调节，或在每层的水平分支管线上设置节流孔板，增加各水平环路的阻力损失，减少垂直失调问题。

第三节　蒸汽采暖系统

以蒸汽为热媒的采暖系统称为蒸汽采暖系统。

（一）蒸汽采暖系统的工作原理

图 2-17 为蒸汽采暖系统的原理图。水在蒸汽锅炉内被加热，产生具有一定压力的饱和蒸汽。饱和蒸汽在自身压力下经蒸汽管道流入散热器。饱和蒸汽在散热器里被室内空气冷却，放出汽化潜热变成凝结水。凝结水经过疏水器依靠重力沿凝结水管道流入锅炉或流入凝结水箱，流入凝结水箱的水再用水泵打入锅炉，最后又被加热成新的饱和蒸汽。蒸汽供暖的连续运行的过程，就是水在锅炉里被加热成饱和蒸汽，饱和蒸汽在散热器内凝结成水的汽化和凝结的循环过程。

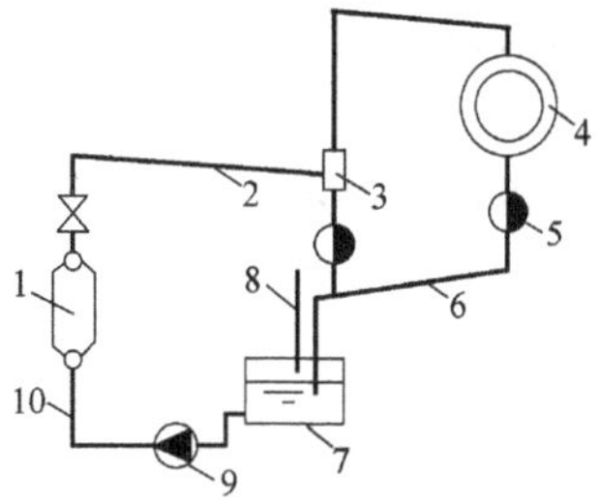

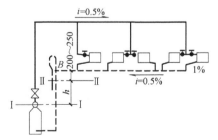

图 2-17　蒸汽采暖系统原理图
1—热源　2—蒸汽管路　3—分水器
4—散热器　5—疏水器　6—凝结
水管路　7—凝结水箱　8—空气管
9—凝结水泵　10—凝水管

（二）蒸汽采暖系统的分类

按照供汽压力的大小，将蒸汽采暖分为三类：供汽的表压力高于 70kPa 时，称为高压蒸汽采暖；供汽的表压力等于或低于 70kPa 时，称为低压蒸汽采暖；当系统的压力低于大气压力时，称为真空蒸汽采暖。

按照蒸汽干管的布置位置不同，蒸汽采暖系统可分为上供式、中供式和下供式三种。

按照立管的布置特点，蒸汽采暖系统可分为双管系统和单管系统。目前我国的蒸汽采暖系统，绝大多数为双管采暖系统。

按照凝结水的流动动力，蒸汽采暖系统可分为重力回水和机械回水两种蒸汽采暖系统。

（三）蒸汽采暖系统的基本形式

图 2-18 为重力回水低压蒸汽采暖系统示意图。从图中可见：重力回水蒸汽采暖系统中的蒸汽管道、散热器及凝结水管道构成了一个循环回路。由于总凝结水立管与锅炉连通，当锅炉工作时，在炉内蒸汽压力作用下，总凝结水立管的水位达到Ⅱ—Ⅱ水面，比锅炉水位Ⅰ—Ⅰ高出 h。当凝结水干管内气压

图 2-18　重力回水低压蒸汽采暖系统示意图

为大气压力时，h 值即为锅炉工作压力所折算的水柱高度。为使系统内的空气能从图中 B 点处顺利排出，B 点前的凝结水干管就不能充满水，其横断面的下部是凝结水，而上部应充满

空气，凝结水依靠重力流动。这种非满管流动的凝结水管，称为干式凝结水管。显然，B 点必须在 Ⅱ—Ⅱ 水面以上，考虑锅炉压力的波动，B 点应高出 Ⅱ—Ⅱ 水面 200～250mm。图中 Ⅱ—Ⅱ 水面以下的总凝结水立管全部断面充满水，凝结水满管流动，称为湿式凝结水管。

重力回水低压蒸汽采暖系统形式简单，不需要设置凝结水箱和凝结水泵，节省了电能，宜在小型系统中采用。

图 2-19 是机械回水低压蒸汽采暖系统的示意图。与重力回水系统不同的是：机械回水系统是一个"断开式"系统。凝结水直接流入凝结水箱，再用凝结水泵将凝结水箱中的水送入锅炉。显然，凝结水箱应低于凝结水干管，并可以进行排气，凝结水干管同样应按干式凝结水管进行设计。

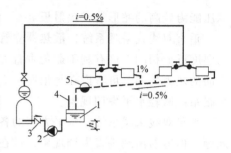

图 2-19　机械回水低压蒸汽
采暖系统示意图
1—凝结水箱　2—凝结水泵　3—止回阀
4—空气管　5—疏水器

机械回水系统最主要的优点是扩大了供热作用半径，因而应用最为普遍。

在高压蒸汽采暖系统中，使用最多、最基本的系统形式是双管上供式采暖系统。图 2-20 所示为一包括用户入口部分的双管上供式高压蒸汽采暖系统的示意图。室外管网的高压蒸汽，通过管道首先进入减压阀前分汽缸 4，由此分汽缸向各生产点或车间供汽，同时分出另一股高压蒸汽，通过减压装置 1 适当减压后进入减压阀后分汽缸 5，由此分汽缸向各采暖系统供汽。高压蒸汽在散热器中散热后形成的凝结水，通过高压疏水器进入凝结水管汇集一起而流入室外凝结水管网。高压蒸汽采暖系统不像低压蒸汽采暖系统那样，在每组散热器出口处或每根立管下端装设疏水器，而是集中在凝结水干管的末端装设高压疏水器。为

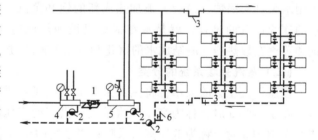

图 2-20　双管上供式高压蒸汽采暖系统
1—减压装置　2—疏水器　3—方形伸缩器　4—减压阀前
分汽缸　5—减压阀后分汽缸　6—放气阀

了检修方便，每组散热器的蒸汽支管和凝结水支管均装阀门。由于高压蒸汽和高压凝结水的温度都较高，为了吸收管道受热后产生的热伸长，蒸汽和凝结水干管上都应安装伸缩器。

第四节　散热设备与采暖系统的附属设备

一、采暖散热器

采暖散热器是采暖系统的末端装置，装在房间内，作用是将热媒携带的热量传递给室内的空气，以补偿房间的热量损耗。散热器必须具备一定的条件：首先，能够承受热媒输送系统的压力；其次要有良好的传热和散热能力；还要能够安装于室内，不影响室

内的美观。

　　散热器按其制造材料的不同，分为铸铁、钢材和其他材料（铝、塑料、混凝土等）；按其结构形状的不同，分为管型、翼型、柱型和平板型等；按其传热方式的不同，分为对流型和辐射型。

　　1. 铸铁散热器　用铸造方法生产，材料为灰铸铁。按其结构形状的不同，有翼型和柱型及其他形式。

　　（1）翼型散热器。翼型散热器有圆翼型、长翼型和多翼型等几种形式，如图 2-21、图 2-22 所示。

　　（2）柱型散热器。铸铁柱型散热器有标准柱型（柱外径约 27mm）、细柱型和柱翼型（又称辐射对流型）等几种形式，如图 2-23～图 2-25 所示。

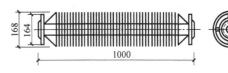

图 2-21　圆翼型铸铁散热器

　　（3）其他形式散热器。铸铁散热器除翼型和柱型外，还有厢翼型散热器（图 2-26）和用于厨房、卫生间的栅型散热器（图 2-27）等。

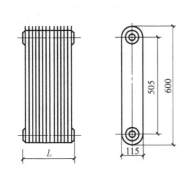

图 2-22　长翼型铸铁散热器

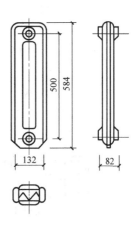

图 2-23　二柱 M—132 铸铁柱型散热器

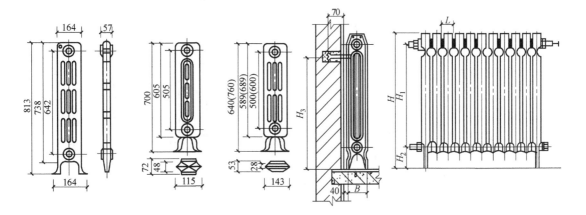

图 2-24　细柱型铸铁散热器　　　　　　图 2-25　辐射对流型散热器安装示意图

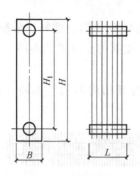

图 2-26　铸铁厢翼型散热器

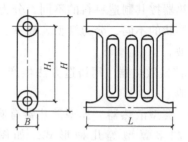

图 2-27　铸铁栅型散热器

2. 钢制散热器　钢制散热器是由冲压成形的薄钢板，经焊接制作而成。钢制散热器金属耗量少，使用寿命短。钢制散热器有柱型、板型、串片型等几种类型。

（1）柱型散热器（图 2-28）。钢制柱型散热器的外形同铸铁柱型散热器，以同侧管口中心距为主要参数有 300mm、500mm、600mm、900mm 等常用规格；宽度系列为 120mm、140mm、160mm；片长（片距）为 50mm；钢板厚为 1.2mm 和 1.5mm，分别为 0.6MPa 和 0.8MPa 工作压力。

（2）板型散热器。钢制板型散热器多用 1.2mm 钢板制作，有单板带对流片（图 2-29）和双板带对流片两种类型。

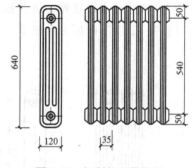

图 2-28　钢制柱型散热器

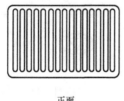

正面

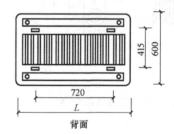

背面

图 2-29　钢制板型散热器

（3）串片散热器。钢制串片（闭式）型散热器是用普通焊接钢管或无缝钢管串接薄钢板对流片的结构，具有较小的接管中心距，其外形如图 2-30 所示。

（4）扁管型散热器：是以钢制矩形截面的扁管为元件组合而成的，有单板带对流片型和不带对流片两种形式，图 2-31 所示为扁管单板不带对流片型散热器。

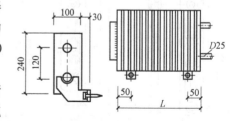

图 2-30　闭式钢串片型散热器

3. 铝制散热器　铝制散热器的材质为耐腐蚀的铝合金，经过特殊的内防腐处理，采用焊接方法加工而成。铝制散热器重量轻，热工性能好，使用寿命长，可根据用户要求任意改变宽度和长度，其外形美观大方，造型多变，可做到采暖装饰合二为一，如图2-32所示。

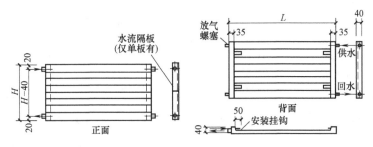

图 2-31　扁管单板不带对流片型散热器

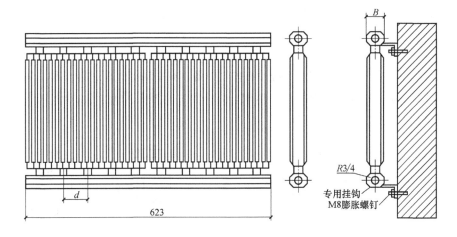

图 2-32　铝制多联式柱翼型散热器

二、膨胀水箱

膨胀水箱在热水采暖系统中，用以贮存水受热而增加的体积，在自然循环采暖系统中起排气作用，在机械循环采暖系统中起定压作用。膨胀水箱在采暖系统中的位置及与系统的连接如图2-33所示，膨胀水箱的配管如图2-34所示，配管管径选择见表2-1。

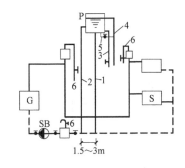

图 2-33　膨胀水箱与系统的连接
1—膨胀管　2—循环管　3—信号管　4—溢流管
5—排水管　6—放气管

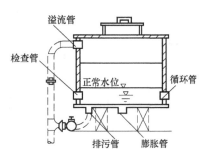

图 2-34　膨胀水箱配管示意图

表 2-1 膨胀水箱配管管径

编号	名称	方形		圆形		阀门
		1~8 号	9~12 号	1~4 号	5~16 号	
1	溢流管	DN40	DN50	DN40	DN50	不设
2	排污管	DN32	DN32	DN32	DN32	设置
3	循环管	DN20	DN25	DN20	DN25	不设
4	膨胀管	DN25	DN32	DN25	≥DN32	不设
5	信号管	DN20	DN20	DN20	DN20	设置

水箱间高度为 2.2~2.6m，应有良好的通风和采光。为便于操作管理，水箱之间及其与建筑结构之间应保持一定的距离。如水箱与墙面的距离：当水箱侧无配管时最小 0.3m，当有配管时最小间距 0.7m，水箱外表面净距 0.7m，水箱至建筑物结构最低点不小于 0.6m，膨胀水箱间的平面布置如图 2-35 所示。

三、排气设备

为排除系统中的空气，热水采暖系统设有排气设备，有手动排气阀、集气罐、自动排气阀。

1. 手动排气阀 手动排气阀又称冷风阀，在采暖系统中广泛应用，外形如图 2-36 所示。

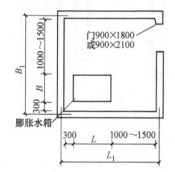

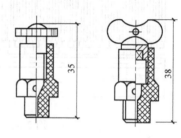

图 2-35 膨胀水箱间平面布置示意图 　　　图 2-36 手动排气阀

2. 集气罐 集气罐有立式和卧式两种安装形式，如图 2-37 所示，安装示意图如图 2-38 所示。

自动排气阀是靠阀体内的启闭机构自动排除空气的装置。自动排气阀的种类较多，常用的有 ZP—Ⅰ（Ⅱ）型和 PZIT—4 型两种，如图 2-39、图 2-40 所示。

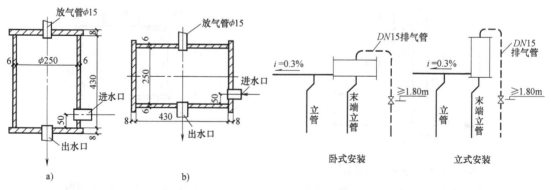

图 2-37 集气罐 　　　　　　　　　　　图 2-38 集气罐安装示意图

a）立式集气罐 b）卧式集气罐

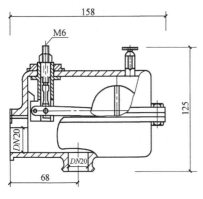

图 2-39　ZP—Ⅰ（Ⅱ）型自动排气阀

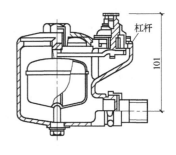

图 2-40　PZIT—4 型立式自动排气阀

四、调节与控制阀门

采暖系统由于种种原因的影响，诸如工艺条件不准确、计算公式及计算方法上的差异和实际工艺条件与计算时所考虑的工艺条件不一致等，其水系统的温度、压力和流量是一个动态的变化过程，以下几种阀件能够根据实际情况自动控制水系统的温度、压力和流量。

1. 散热器温控阀　散热器温控阀是一种自动控制进入散热器热媒流量的设备，它由阀体部分和感温元件控制部分组成，如图 2-41 所示。

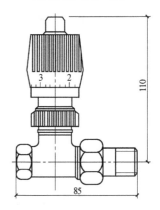

图 2-41　散热器温控阀

当室内温度高于给定的温度值时，感温元件受热，其顶杆压缩阀杆，将阀门关小，进入散热器的水流量会减小，散热器的散热量也会减小，室温随之下降。当室温下降到设置的低限值时，感温元件开始收缩，阀杆靠弹簧的作用抬起，阀门开大，水流量增大，散热器散热量也随之增加，室温开始升高。温控阀的控温范围在 13~28℃ 之间，控温误差为±1℃。

2. 流量控制阀　流量控制阀又称定流量阀或最大流量限制器，如图 2-42 所示。

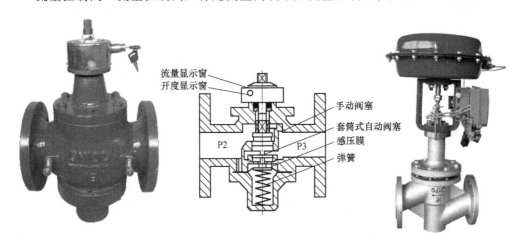

图 2-42　定流量阀

在一定工作压差范围内，它可以有效地控制通过的流量。当阀门前后的压差增大时，阀门自动关小，它能够保持流量不增大；反之，当压差减小时，阀门自动开大，流量依然恒定；但是当压差小于阀门正常工作范围时，流量不能无限增大，失去控制功能。

3. 压力平衡阀　该阀与普通阀门的不同之处在于有开度指示、开度锁定装置及阀体上有两个测压小阀。在管网平衡调试时，用软管将被调试的平衡阀测压小阀与专用智能仪表连接，仪表能显示出流经阀门的流量值（及压降值），同时向仪表输入该平衡阀处要求的流量值后，仪表经计算、分析，可显示出管路系统达到水力平衡时该阀门的开度值。

压力平衡阀可安装于供水管上，也可安装在回水管上，每个环路中只需安装一处，用于消除环路剩余压头，限定环路水流量，如图 2-43 所示。

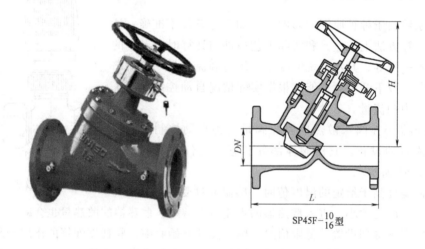

$$SP45F-\frac{10}{16}型$$

图 2-43　压力平衡阀及其智能仪表

压力平衡阀和定流量阀主要不同点是压力平衡阀是一次性手动调节的，不能自动地随系统工况变化而变化阻力系数；定流量阀可以不借助外界自动工作，根据系统工况（压差）变化而变化阻力系数。

压力平衡阀作用对象是阻力，能够起到手动可调孔板的作用，用来平衡管网系统的阻力，达到各个环路的阻力平衡的作用；定流量阀作用对象是流量，能够锁定流经阀门的水量而不针对阻力的平衡。

五、伸缩器与管道支架

在热媒流过管道时，由于温度升高，管道会发生伸长，为减少由于热膨胀而产生的轴向应力对管道、阀门等产生的破坏，需根据伸长量的大小选配伸缩器，为了使管道的伸长能均匀合理地分配给伸缩器，使管道不偏离允许的位置，在管段的中间应用固定支架固定。管道支架的形式如图 2-44 所示，采暖系统常用伸缩器的形式为方形伸缩器和乙字管。

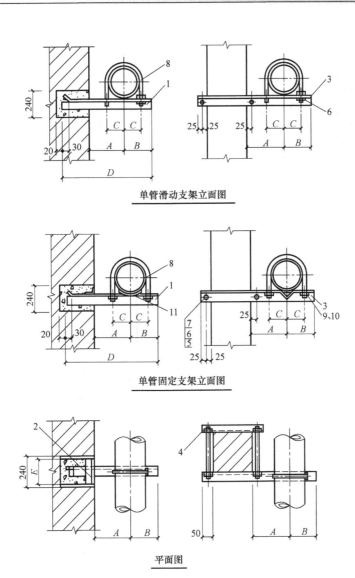

单管滑动支架立面图

单管固定支架立面图

平面图

图 2-44　管道支架

1、3—横梁　2—加固梁　4—短横梁　5—双头螺栓　6、9—螺母
7、10—垫圈　8—管卡　11—限位块

第五节　热风采暖、辐射采暖的应用

一、暖风机

暖风机是由吸风口、风机、空气加热器和送风口等部件组成的热风供暖设备，有轴流式和离心式两种类型，如图 2-45、图 2-46 所示，适用于各种类型的车间，可独立采暖或补充散热器散热的不足。

大型暖风机安装时需用地脚螺栓固定于地面基础上，小型暖风机一般悬挂或支架在墙面和柱子上。图 2-47 为暖风机抱柱式吊装。

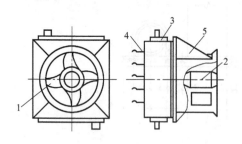

图 2-45　NC 型轴流式暖风机
1—轴流式风机　2—电动机　3—加热器
4—百叶片　5—支架

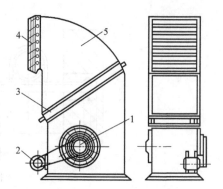

图 2-46　NBL 型离心式暖风机
1—离心式风机　2—电动机　3—加热器
4—导流叶片　5—外壳

二、辐射板型散热器

辐射板型散热器是以辐射为主要传热方式的散热设备，按表面温度分为低温辐射板散热器，例如，混凝土辐射板散热器（图 2-48）；中温辐射板散热器，如钢制辐射板（图 2-49）；高温辐射板散热器，如燃气红外线辐射散热器（图 2-50）。钢制辐射板的安装如图 2-51 所示。

三、地板辐射采暖

近年来，低温热水地板辐射采暖发展迅速，广泛用于分户热计量民用住宅的室内采暖系统，尤其是高层建筑采暖系统。

地板采暖因水温低，管路基本不结垢，多采用管路一次性埋设于垫层中的做法。地面结构一般由楼板、找平层、绝热层（上部敷设加热管）、填充层和地面层组成，如图 2-52 结构剖面图。

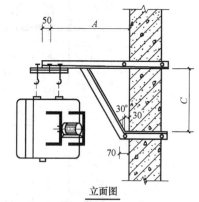

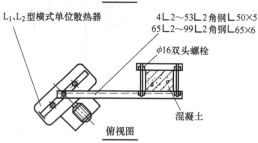

图 2-47　NC 型暖风机安装示意图

在钢筋混凝土地板上先以水泥砂浆找平，再铺挤出型聚苯或聚乙烯泡沫板作为保温层，板上部再覆一层夹筋铝箔层，在铝箔层上敷设加热盘管，并以卡钉将盘管与保温层固定在一起，然后浇筑 40～60mm 厚细石混凝土作为埋管层。

地板辐射采暖适用热媒温度不超过 60℃，供、回水温差宜小于或等于 10℃。

管材选用交联聚乙烯（PEX）管，工作压力小于或等于 0.8MPa；铝塑复合管，工作压力小于或等于 2.5MPa。

这种采暖方式与散热器对流采暖比较，具有以下优越性：

（1）从节能角度看。热效率提高 20%～30% 左右，即可

图 2-48　混凝土内埋管散热器
1—建筑构体　2—保温隔热层
3—混凝土板　4—加热排管

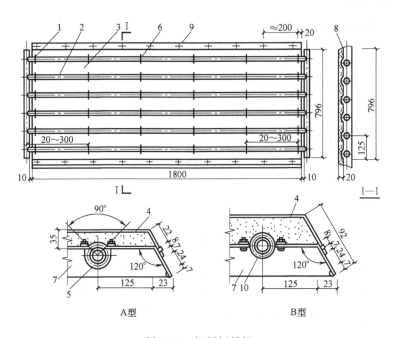

图 2-49　钢制辐射板

1—等长双头螺栓　2—连接管　3—辐射板表面　4—辐射板背面
5—垫板　6—加热管　7—侧板　8—隔热材料　9—铆钉　10—内外管卡

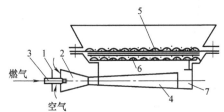

图 2-50　红外线辐射散热器

1—调节板　2—混合室　3—喷嘴　4—扩压管　5—外网　6—气流分配板　7—壳体

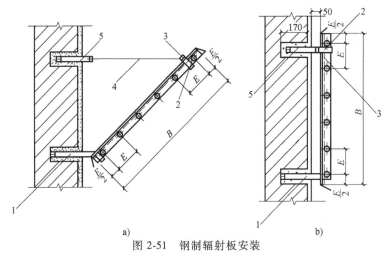

a)　　　　　　　　　　　　　　b)

图 2-51　钢制辐射板安装

a）钢制辐射板墙上倾斜安装　b）钢制辐射板墙上垂直安装

1—扁钢托架　2—管卡　3—带帽螺栓　4—吊杆　5—扁钢吊架

以节省 20%~30%的能耗。

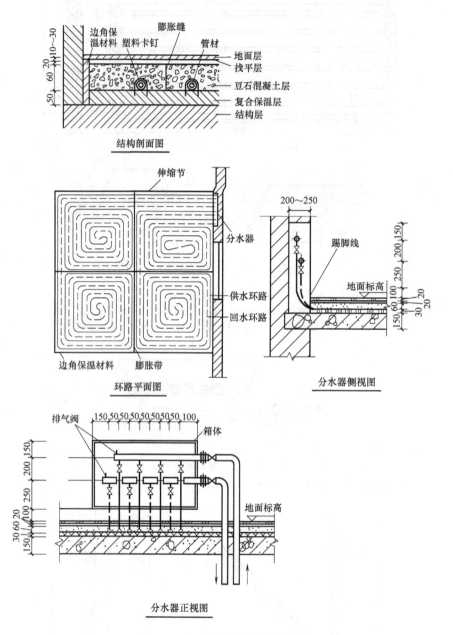

图 2-52　热水地板采暖系统结构

（2）从舒适角度看。在辐射强度和温度的双重作用下，能形成比较理想的热环境。

（3）从美观角度看。室内不需安装散热器和连接散热器的支管与立管，实际上给用户增加了一定数量的使用面积。

（4）能够方便地实现国家节能标准提出的"按户计量，分室调温"的要求。

另外，地板辐射采暖还有电热式地板辐射采暖，这种采暖系统以电力为热源，通过地板表层下的加热柔性电缆以及温度感应器，向房间加热由房间温控器控制温度。

第六节　采暖管道布置与安装

室内采暖管道应按照力求管道最短，便于维护管理，不影响房间美观，并尽可能地少占房间使用面积的原则进行布置。

一、采暖系统上部管道的布置与安装

当建筑物采用上供下回式或下供上回式采暖系统采暖时，其供水干管或回水干管的位置应设在采暖系统上部，对建筑物来讲，干管将设在顶层屋面下、闷顶或设备层里。

敷设在顶层屋面下的干管，一般距外墙内表面的距离为 150~300mm，由于干管具有不小于 0.2% 的坡度，应考虑到低点不要挡窗，高点不碰梁。当管道从门、窗、其他洞口或梁、柱、墙垛等处绕过时，其转角处如高于或低于管道水平走向，在其最高点或最低点应分别安装排气和泄水装置。

二、采暖系统下部管道的布置与安装

当建筑物采用上供下回式或下供下回式采暖系统采暖时，其回水管或供、回水管将敷设在地沟、地下室、设备层里或直接敷设在首层地面上。

管道穿过基础、墙壁、楼板时，应配合土建预留空洞。当管道直径在 DN70~100 时，空洞尺寸为 200mm×200mm；直径在 DN32~50 时，空洞尺寸为 150mm×150mm。管道穿过地下室或地下构筑物外墙时，应采取防水措施。对有严格防水要求的，应采用柔性防水套管；一般要求则可采用刚性防水套管。

管道敷设在地沟里，其地沟应为半通行地沟，地沟断面尺寸：宽度一般为 1000mm，高度为 1200~1400mm，并在地沟转角处及每隔 20~30m 设人孔，以满足采暖管道维修的需要。敷设在地沟内的采暖管道应采取保温措施。

管道敷设在地下室顶板下时，应考虑到既不要挡地下室的外窗，又不要碰梁。干、立管连接应加设必需的附属配件，并考虑必要的安装长度，如图 2-53 所示。

在设备层里的管道，应与其他管道和设备同时考虑；采暖管道应设管墩或支、吊架。

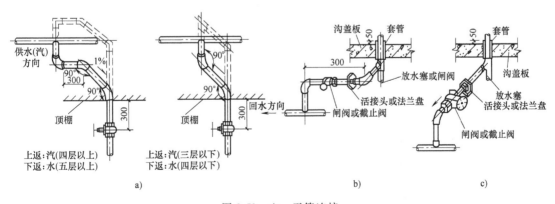

图 2-53　立、干管连接
a) 顶棚内立干管连接　b) 地沟内立干管连接　c) 在 400×400 管沟内立干管连接

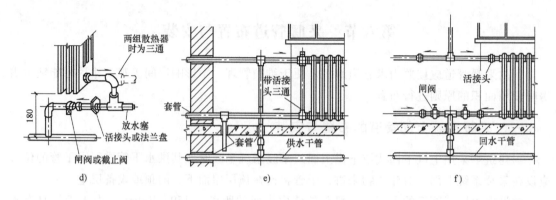

图 2-53 立、干管连接（续）

d) 明装立干管连接　e) 顶层立干管连接（供水管明装）　f) 底层立干管连接（回水管明装）

敷设在首层地面上的干管，遇有外门应局部下降，设在过门地沟里，如图 2-54 所示。过门地沟的断面尺寸一般为 400mm×400mm，并在有泄水阀端做活动盖板。

三、立、支管的布置与安装

采暖系统总立管及散热器立、支管安装一般都采用明装敷设，美观要求高的建筑，立、支管暗装敷设时应设在管槽里，管道安装完毕，经水压试验合格后，土建方可装修、封闭。

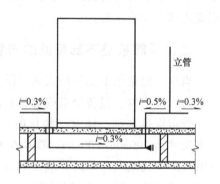

图 2-54 回水干管下部过门

立管穿楼板及干、支管穿墙应加套管，一般穿楼板加设钢套管，套管底部应与楼板底面相平，顶部应高出地面 20mm，如图 2-55 所示。穿墙宜加设镀锌铁皮套管，套管两端应与墙面相平。

双立管采暖系统，热水立管应置于散热器的右侧，当管径小于或等于 32mm 时，两管中心距为 80mm，允许偏差 5mm。

散热器立管与支管相交，立管应撅弯绕过支管，散热器支管长度大于 1.5m，应在中间安装管卡或托勾。

连接散热器的支管应有一定坡度，当支管长度 $L \leqslant 500mm$，坡降值为 5mm；$L>500mm$，坡降为 10mm。当一根立管接往两根支管，如任意一根超过 500mm，其坡降值均为 10mm。坡向如图 2-56 所示。

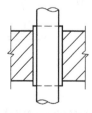

图 2-55 管道穿楼板或隔墙

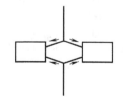

图 2-56 散热器支管的坡向

四、散热器安装

采暖散热器的安装位置，应由具体工程的采暖设计图样确定。一般多沿外墙装于窗台的下面，对于特殊的建筑物或房间也可设在内墙下。散热器在安装前应进行水压试验，安装时应首先明确散热器托钩及卡架的位置（图 2-57），并用画线尺和线坠准确画出，然后打出孔洞，栽入托钩（或固定卡），经反复核查后，再用砂浆抹平压实。待砂浆达到强度后再进行安装，散热器距墙面净距离应满足 30～50mm。具体连接方法如图 2-58～图 2-60 所示。

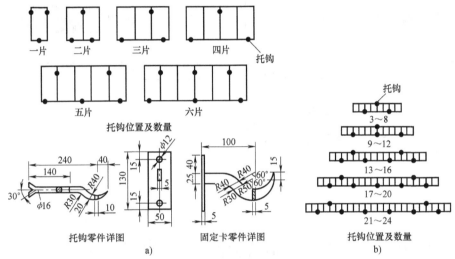

图 2-57　散热器托钩、卡架配置图

a）灰铸铁长翼型散热器　b）细柱散热器

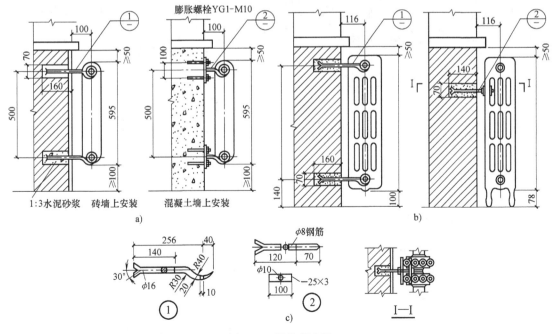

图 2-58　散热器安装

a）灰铸铁长翼型　b）细柱型　c）散热器的固定形式

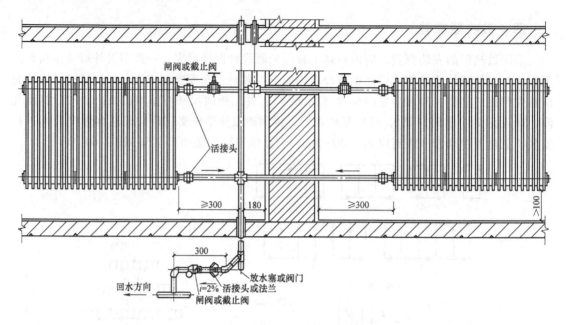

图 2-59 灰铸铁长翼型散热器连接

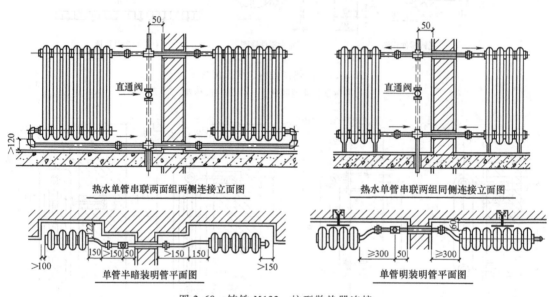

图 2-60 铸铁 M132、柱型散热器连接

五、管材及连接方式

明装采暖管道应使用焊接钢管，埋地采暖管道应使用铝塑复合管，管径小于或等于32mm，宜采用螺纹连接；管径大于32mm，宜采用焊接或法兰连接。

六、阀门的设置

室内采暖系统应在引入口供、回水干管上，分支环路始、末两端，以及立管的上、下端各设置一个阀门，以便于检修时关闭或调节流量。

七、管道及设备的防腐与保温

采暖管道及散热器应按施工与验收规范要求做防腐处理。一般明装在室内的采暖管道及散热器除锈后先涂刷两道红丹底漆，再涂刷两道银粉漆。设置在管沟、技术夹层、闷顶、管道竖井或易冻结地方的管道，应采取保温措施，保温方法如图 2-61 所示。

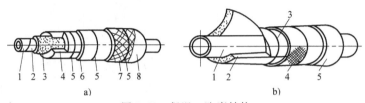

图 2-61　保温、防腐结构
a) 绑扎法保温结构

1—管道　2—防锈漆　3—胶泥　4—保温材料　5—镀锌铁丝　6—沥青油毡　7—玻璃制品　8—保护层

b) 棉毡绑扎保温结构

1—管道　2—保温毡或布　3—镀锌铁丝　4—镀锌铁丝网　5—保护层

八、管道支架的安装

管道支架安装应平整牢固、位置正确，埋入墙内的要将洞眼内冲洗干净，采用 1:3 水泥砂浆填实抹平；在预埋铁件上焊接的，要将预埋件表面清理干净，使用 T422 焊条焊接，焊缝应饱满；利用膨胀螺栓固定的，选用钻孔的钻头应与膨胀螺栓规格一致，钻孔的深度与膨胀螺栓外套的长度相同，不宜过深或深度不够，与墙体固定牢固；抱柱（梁）安装时，其螺栓应紧固牢靠。支架形式如图 2-44 所示。

管道支架（立管卡子）安装距离的规定如下：

1）水平安装管道支架最大间距，见表 2-2。

表 2-2　水平安装管道支架最大的间距

公称直径 DN/mm		15	20	25	32	40	50	70	80	100	125	150	200	250	300
最大间距/m	保温管	1.5	2	2	2.5	3	3	4	4	4.5	5	6	7	8	8.5
	不保温管	2	2.5	2.5	3	3	4	5	5	6	6	7	8	10	12

2）立管管卡安装：层高小于或 5m 的每层安装一个，位置距地面 1.8m；层高大于 5m 时每层安装两个，安装位置均匀。

第七节　锅炉与锅炉房设备

锅炉是供热源。锅炉及锅炉房设备的任务，在于安全可靠、经济有效地把燃料的化学能转化为热能，进而将热能传递给水，以产生热水或蒸汽。

一、供热锅炉的概述

（一）锅炉的分类

通常，把用于动力、发电方面的锅炉，称为动力锅炉；把用于工业及供暖方面的锅炉，称为供热锅炉，又称工业锅炉。

工业锅炉按生产的热媒不同，可分为蒸汽锅炉和热水锅炉；按锅炉容量大小，可分为小型、中型和大型锅炉；按锅炉压力的高低，可分为低压、中压和高压锅炉。

（二）锅炉的工作原理

锅炉是由"炉"和"锅"组成的，如图 2-62 所示。

"锅"是指容纳锅水和蒸汽的受压部件，包括锅筒（又称汽包）、对流管束、水冷壁、集水箱、蒸汽过热器、省煤器和管道组成的封闭汽水系统，其任务是吸收燃料燃烧释放出的热能，将水加热成为规定温度和压力的热水或蒸汽。

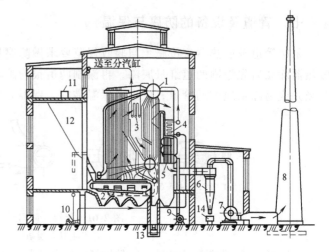

图 2-62　锅炉设备简图

1—锅筒　2—链条炉排　3—蒸汽过热器　4—省煤器　5—空气预热器
6—除尘器　7—引风机　8—烟囱　9—送风机　10—给水泵
11—带式输送机　12—煤仓　13—刮板除渣机　14—灰车

"炉"是指锅炉中使燃料进行燃烧产生高温烟气的场所，是包括煤斗、炉排、炉膛、除渣板、送风装置等组成的燃烧设备。其任务是使燃料不断良好地燃烧，放出热量。"锅"与"炉"一个吸热，一个放热，是密切联系着的一个整体设备。

此外，为了保证锅炉正常工作、安全运行，还必须设置一些附件和仪表，如安全阀、压力表、温度计、水位报警器、排污阀、吹灰器等，还有构成锅炉围护结构的炉墙，以及支撑结构的钢架。

锅炉工作原理如下：

1. 燃料的燃烧过程　如图 2-63 所示，燃料由炉门投入炉膛中，铺在炉箅上燃烧；空气受烟囱的引风作用，由灰门进入灰坑，并穿过炉箅缝隙进入燃料层进行助燃。燃料燃烧后变成烟气和炉渣，烟气流向汽锅的受热面，通过烟道经烟囱排入大气。

2. 烟气与水的热交换过程　燃料燃烧时放出大量热能，这些热能主要以辐射和对流两种方式传递给汽锅里的水，所以，汽锅也就是一个热交换器。由于炉膛中的

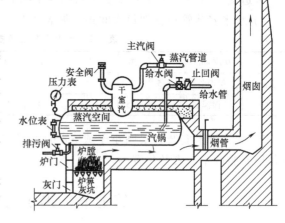

图 2-63　锅炉的工作原理图

温度高达 1000℃以上，因此，主要以辐射方式将热量传给汽锅壁，再传给汽锅中的水。在炉膛中，高温烟气冲刷汽锅的受热面，主要以对流方式将热量传给汽锅中的水，从而使水受热并降低了烟气的温度。

3. 水受热的汽化过程　由给水管道将水送入汽锅里至一定的水位，汽锅中的水接受锅壁传来的热量而沸腾汽化。沸腾水形成的汽泡由水底上升至水面以上的蒸汽空间，形成汽和

水的分界面——蒸发面。蒸汽离开蒸发面时带有很多水滴，湿度较大，到了蒸汽空间后，由于蒸汽运动速度减慢，大部分水滴会分离下来，蒸汽上升到干汽室后还可分离出部分水滴，最后带少量水分由蒸汽管道送出。

（三）锅炉的配件

为了保证锅炉安全可靠地工作，锅炉上必须装设如下配件：

1）水位表。司炉人员通过水位表来监视汽锅里的水位。水位表上标有最低水位和最高水位。

2）压力表。用来指示锅炉的工作压力，司炉人员根据压力表来调节炉内的燃烧情况。

3）安全阀。当锅炉由于某种原因使炉内压力超过允许值时，安全阀会自动开启，放出炉内少量蒸汽，降低炉内压力，从而保证锅炉安全运行。

4）主汽阀。用来打开和关闭主蒸汽管。

5）给水阀。用来开或关锅炉的给水管。

6）止回阀。也称单向阀，装在给水阀前，防止锅炉内的水倒流入给水管中。

7）排污阀。用来排除汽锅中污垢，以保证锅炉中的水质。

二、锅炉房设备

锅炉房设备是指锅炉本体和它的辅助装置所组成的联合体。

（一）锅炉本体

锅炉本体是锅炉房的主要设备。通常，将构成锅炉的基本组成部分合称为锅炉本体，它包括：汽锅、炉子、蒸汽过热器、省煤器和空气预热器等。一般常将后三者受热面总称为锅炉附加受热面。供热锅炉除工厂生产工艺上有特殊要求外，一般较少设置蒸汽过热器。

（二）锅炉房的辅助设备

锅炉房的辅助设备，根据它们围绕锅炉所进行的工作过程，由以下几个系统所组成，如图 2-64 所示。

1）运煤、除灰系统。包括传送带运煤机、煤斗和除灰车。传送带运煤机通过煤斗将煤送入炉内。小型锅炉房通常采用人工运煤、除灰。

2）送、引风系统。包括向炉排下送风的鼓风机、抽引烟气的引风机、除尘器和烟囱。大型锅炉的鼓风机送入的空气，先进入位于锅炉尾部的空气预热器。

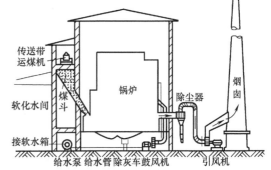

图 2-64　锅炉房设备简图

3）水、汽系统（包括排污系统）。包括给水装置、水处理装置及送汽系统。给水装置由给水箱、水泵和给水管道组成。水处理装置由水的软化设备、除氧设备及管道组成。此外，还有送汽的分汽缸及排污系统的降温池等。

4）仪表控制系统。除锅炉本体上装有的仪表附件外，为监控锅炉设备安全经济运行，还常设有一系列的仪表和控制设备，如蒸汽流量计、水量表、烟温计、风压计、排烟二氧化碳指示仪等常用仪表。有的工厂锅炉房中，还设有给水自动调节装置，烟、风闸门远距离操作或遥控装置等。

三、锅炉房

（一）锅炉房的锅炉台数与供暖锅炉房的热负荷，可按整个小区中各建筑物供暖热负荷的总和来确定。

考虑到小区室外供热管道的热损失等情况，对总热负荷再附加20%，所以，供暖锅炉房热负荷应为小区各建筑物供暖热负荷总和的1.2倍。一般按下式计算

$$锅炉房的锅炉台数 = \frac{各建筑物供暖热负荷总和 \times 1.2}{同一型号每台锅炉的发热量}（台）$$

在选用锅炉时，应尽量使同一锅炉房内的锅炉类型和规格一致，以便于管理。只有当用户对介质参数有特殊要求，或采用相同类型的锅炉在技术、经济上不合理时，才在同一锅炉房内选用不同型号的锅炉。

为了增加锅炉房供热的可靠性和便于调节，一个锅炉房内，一般不应只设一台锅炉，而应设两台或多台。是否需要设备用锅炉，可按下述原则确定：

1）单纯供给供暖、通风和热水供应的锅炉房，一般可不设备用锅炉。

2）同时供给生活及生产供热的锅炉房，在非供暖季节如能停用一台锅炉进行检修，可不设备用锅炉。

3）以供生产用热为主，兼供生活用热的锅炉房，如生产用热不允许间断时，可设一台备用锅炉。

（二）锅炉房在小区平面上的位置

1）锅炉房应尽量靠近主要热负荷或热负荷集中的地区。

2）锅炉房应尽量位于地势较低的地点（但要注意地下水和地面水对锅炉的影响），以利于蒸汽系统的凝结水回收和热水系统的排气。

3）锅炉房应位于供暖季节主导风向的下风向，避免烟尘吹向主要建筑物和建筑群，全年使用的锅炉房应位于常年主导风向的下风向。

4）锅炉房的位置，应有较好的朝向，以利于自然通风和采光。

5）锅炉房的位置，应便于燃料和灰渣的运输、堆放。

6）锅炉房的位置，应便于供水、供电和排水。

7）要考虑锅炉房有扩建的可能性，选择锅炉房的位置时，应注意留有扩建的余地。

（三）锅炉房对土建的要求

1）锅炉房是一、二级耐火等级的建筑，应单独建造。

2）锅炉前端、侧面和后端与建筑物之间的净距，应满足操作、检修和布置辅助设施的需要，并应符合下列规定：

炉前至墙距离不应小于3m；当需要在炉前拨火、清炉等操作时，炉前距离应不小于燃烧室总长加2m；锅炉侧面和后端的通道净距不应小于0.8m，并应保证有更换锅炉管束和其他附件的可能。

3）锅炉房结构的最低处到锅炉的最高操作点的距离，应不小于2m，屋顶为木结构时，

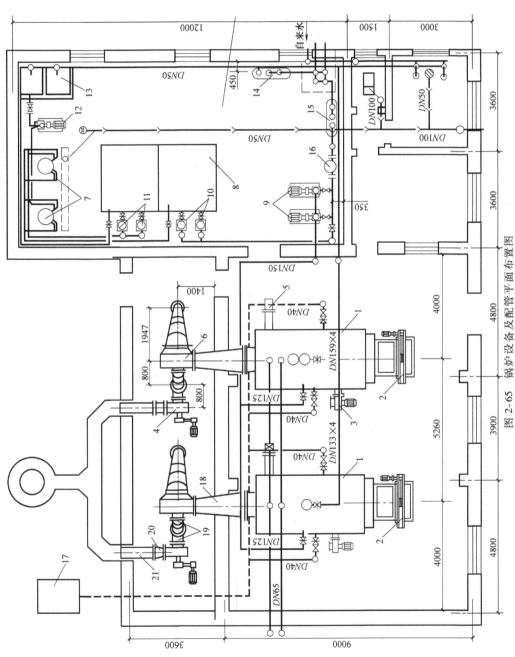

图 2-65　锅炉设备及配管平面布置图

1—锅炉　2—垂直上煤机　3—螺旋除渣机　4—引风机　5—旋风除尘器　6—除尘器　7—钠离子交换器　8—隔板式水箱　9—循环水泵　10—软化水泵　11—给水泵　12—盐泵　13—盐池　14—分水器　15—集水器　16—立式除污器　17—排污降温池　18,19,21—烟道　20—变径管

应不小于 3m。卧式快装锅炉的锅炉房,净高一般不宜低于 6m。

4) 锅炉房占地面积超过 150m² 时,应至少有两个出口通向室外,并分别设在锅炉房的两侧。如果锅炉前端锅炉房的总宽度（包括锅炉之间的过道在内）不超过 12m,且锅炉房占地面不超过 200m² 的单层锅炉房,可只设一个出口。

5) 锅炉房的外门应向外开,锅炉房内休息间或工作间的门应向锅炉间开。

6) 锅炉房内应有足够的光线和良好的通风。在炎热地区应有降温措施,在寒冷地区应有防寒措施。

7) 锅炉房一般应设水处理间、机泵间、热交换器间、维修间、休息间及浴厕等辅助房间。此外,还可根据具体情况设有化验室、办公室及库房等。

8) 锅炉房的地面应高出室外地面 150mm,以利于排水。锅炉房门口应做成坡道。

9) 锅炉房应留有能通过最大设备的安装洞,安装洞可与门窗结合考虑,利用门窗上面的过梁做为预留洞的过梁,待到设备安装完毕后,再封闭预留洞。

10) 锅炉房内的管道,应由墙上的支架支承,一般不应吊在屋架下弦上。

（四）锅炉房布置实例

图 2-65 为一座设有两台 2t 快装锅炉的小型锅炉房的平面布置图。该锅炉房分为锅炉间、水泵间、水处理间、办公和休息室、浴厕间以及风机房等。当风机产生的噪声对周围无影响时,可不设风机房。

本锅炉房内,锅炉间及各种附属房间的尺寸均已在图上标出,锅炉与锅炉之间、锅炉与各墙之间的距离也在图中给出。图中各种门的开启方向都是按要求设计的。锅炉间的净高 6.0m（梁底）,其他附属房间的净高 3.5m（梁底）。

第八节　室外供热管网与小区换热站

一、小区供热的介质和流量

（一）热媒的选择

当厂区（单位）只有采暖通风热负荷或以采暖通风热负荷为主时,宜采用高温水作供热介质。当工厂（单位）以生产热负荷为主时,经技术经济比较后,可采用蒸汽作供热介质,或蒸汽和高温水作供热介质。工厂（单位）高温水（热水）系统设计,供水温度不宜低于 130℃,供回水温差 50~60℃。工厂厂区和居住区为同一高温水管网时,可在居住区每幢楼或在热力站设置混水装置,降低供水温度,再向居住建筑和公共建筑供暖。

（二）热媒的流量

室外热力管道的设计流量,应根据热负荷计算确定,包括采暖设计热负荷、通风设计热负荷、生活用热设计热负荷和生产工艺热负荷。

采暖热负荷是集中供热系统中最主要的热负荷,约占全部热负荷的 80% 以上。可用体积热指标、面积热指标等方法进行计算。面积热指标的计算可按下式进行

$$Q = q_f F$$

式中　Q——建筑物采暖耗热量（W）;

　　　q_f——单位面积耗热量指标（W/m²）;

F——建筑物的面积(m^2)。

民用建筑采暖单位面积耗热量指标值 q_f 是据同类建筑资料统计而成的，其推荐值见表2-3。

表 2-3 供暖面积热指标

建筑物类型	住宅	居住区	学校、办公楼	医院、托儿所、幼儿园	旅馆	商店	食堂、餐厅	影剧院、展览馆	大礼堂、体育馆
热指标 /(W/m^2)	58~64	60~67	60~80	65~80	60~70	65~80	115~140	95~115	115~165

注：热指标中已包括约5%的管网热损失在内。

二、室外供热管道的平面布置和定线原则

(一)平面布置类型

供热管道的平面布置类型与热媒的种类、热源与用户的相对位置及热负荷的变化特征有关，主要有枝状和环状管网两类，如图2-66、图2-67所示。

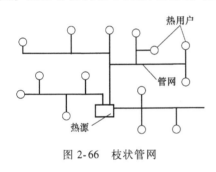

图 2-66 枝状管网

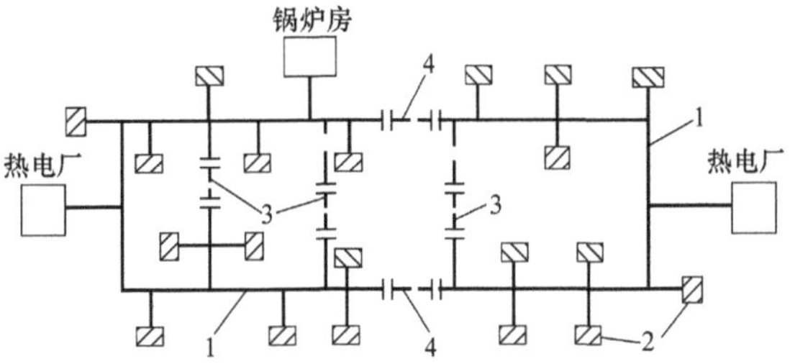

图 2-67 环状管网

1——级管网 2—热力站 3—使热网具有备用功能的跨接管
4—使热源具有备用功能的跨接管

1. 枝状管网 枝状管网构造简单、造价低、运行管理方便，它的管径随着距热源距离增加而减小。缺点是没有供热的后备性能，即当网路上某处发生事故时，在损坏地点以后的所有的用户，供热均被断绝。厂区或居住小区的热水管网多采用枝状管网，若有特殊用户不允许中断供热时，可采用复线管道，以保证其要求。

2. 环状管网 小区一般不设环形管网，对于中型或大型供热管网，为提高其工作可靠性，可做成环状管网。这种管网通常做成两级形式，第一级热水主干线做成环状管网；第二级用户分布管网仍为枝状。

(二)定线的原则

确定供热管道的平面位置称为"定线"，小区（或厂区）热力管道的布置，应根据全区建筑物、构筑物的方向与位置、街道的情况、热负荷的分布、总平面布置（包括其他各种管道的布置）、维修方便等因素综合考虑确定，并应符合下列要求：

1）管道主干线应通过热负荷集中的区域，其走向宜与厂区干道或建筑物（构筑物）平行。

2）山区建厂应因地制宜地布置管线，并避开地质滑坡和洪水对管线的影响。

3）应少穿越区内的主要干道，避开建筑扩建厂地和厂区的材料堆场；不宜穿越液化气

站等由于汽、水泄漏将引起事故的场所。

4）室外供热管道管沟与建筑物、构筑物、铁路和其他管线的净距，应符合有关规范的要求，见表2-4和表2-5。

三、室外供热管道的敷设

室外供热管道的敷设方式，应根据气象、水文、地质、地形等条件和运行、维修等因素确定。供热管道的敷设方式可分为架空敷设和地下敷设两类，地下敷设又分为地沟敷设和直埋敷设。

表2-4 供热管道与建筑物、构筑物、其他管线的最小距离

建筑物、构筑物或管线名称	与供热管道最小水平净距/m	与供热管道最小垂直净距/m
地下敷设供热管道		
建筑物基础：对于管沟敷设供热管道	0.5	—
对于直埋敷设供热管道	3.0	—
铁路钢轨	钢轨外侧3.0	轨底1.2
电车钢轨	钢轨外侧2.0	轨底1.0
铁路、公路路基边坡底脚或边沟的边缘	1.0	—
通信、照明或10kV以下电力线路的电杆	1.0	—
桥墩边缘	2.0	—
架空管道支架基础边缘	1.5	—
高压输电线铁塔基础边缘　　35～60kV	2.0	—
110～220kV	3.0	—
通信电缆管块、通信电缆（直埋）	1.0	0.15
电力电缆和控制电缆　　35kV以下	2.0	0.5
110kV	2.0	1.0
燃气管道		
对于地沟敷设供热管道　压力<150kPa	1.0	0.15
压力150～300kPa	1.5	0.15
压力300～800kPa	2.0	0.15
压力>800kPa	4.0	0.15
对于直埋敷设供热管道　压力<300kPa	1.0	0.15
压力<800kPa	1.5	0.15
压力>800kPa	2.0	0.15
给水管道、排水管道	1.5	0.15
地铁	5.0	0.8
电气铁路接触网电杆基础	3.0	—
乔木、灌木（中心）	1.5	—
道路路面	—	0.7

（续）

建筑物、构筑物或管线名称	与供热管道最小水平净距/m	与供热管道最小垂直净距/m
地上敷设供热管道		
铁路钢轨	轨外侧 3.0	轨顶一般 5.5 电气铁路 6.55
电车钢轨	轨外侧 2.0	—
公路路面边缘或边沟边缘	0.5	距路面 4.5
架空输电线路:1kV 以下	导线最大偏风时 1.5	导线下最大垂度时 1.0
1~10kV	导线最大偏风时 2.0	导线下最大垂度时 2.0
35~110kV	导线最大偏风时 4.0	导线下最大垂度时 4.0
200kV	导线最大偏风时 5.0	导线下最大垂度时 5.0
300kV	导线最大偏风时 6.0	导线下最大垂度时 6.0
500kV	导线最大偏风时 6.5	导线下最大垂度时 6.5
树冠	0.5(到树中不小于 2.0)	—

注：1. 供热管道的埋设深度大于建（构）筑物深度时，最小水平净距应按土壤内摩擦角确定。
  2. 供热管道与电缆平行敷设时，电缆处的土壤温度与日平均土壤自然温度比较，全年任何时候对于电压 10kV 的电力电缆不高出 10℃，对于电压 35~110kV 的电缆不高出 5℃时，可减小表中所列距离。
  3. 在不同深度并列敷设各种管道时，各种管道间的水平净距不应小于其深度差。
  4. 供热管道的检查室、Ω 形补偿器壁龛与燃气管道最小水平净距亦应符合表中规定。
  5. 在条件不允许时，经有关方面同意，可以减小表中规定的距离。

表 2-5　直埋供热管道与其他设施相互净距

名　称			最小水平净距/m	最小垂直净距/m
给水管			1.5	0.15
排水管			1.5	0.15
燃气管道	压力≤400kPa		1.0	0.15
	压力≤800kPa		1.5	0.15
	压力>800kPa		2.0	0.15
压缩空气或 CO_2 管			1.0	0.15
排水盲沟沟边			1.5	0.50
乙炔、氧气管			1.5	0.25
公路、铁路坡底脚			1.0	—
地　铁			5.0	0.80
电气铁路接触网电杆基础			3.0	—
道路路面			—	0.70
建筑物基础	DN≤250mm		2.5	—
	DN≥300mm		3.0	—
电缆	通信电缆管块		1.0	0.30
	电力及控制电缆	≤35kV	2.0	0.50
		≤110kV	2.0	1.0

注：热力网与电缆平行敷设时，电缆处的土壤温度与月平均土壤自然温度比较，全年任何时候对于电压 10kV 的电力电缆不高出 10℃，对电压 35~110kV 的电缆不高出 5℃时，可减少表中所列距离。

（一）架空敷设

架空敷设适于厂区和居住区对美观要求不高的情况下，一般街区不宜架空敷设。在下列情况下宜采用架空敷设：

1）地下水位高或年降雨量较大。

2）土壤具有腐蚀性。

3）地下管线密集的区域。

4）地形复杂或有河沟岩层、溶洞等特殊障碍的地区。

架空热力管道按其不同的条件可采用低、中、高支架敷设。厂区架空热力管道与建筑物、构筑物、道路、铁路和架空导线之间的净距应符合表2-6的要求。

表2-6 厂区架空热力管道与建筑物、构筑物、道路、铁路和架空导线之间的净距

（单位：m）

名　称	水平距离	交叉净距
一、二级耐火等级的建筑物	允许沿外墙	
铁路钢轨	外侧边缘3.0	跨铁路钢轨面5.5
道路路面边缘、排水沟边缘或路堤坡脚	1.0	距路面5.0
人行道路边	0.5	距路面2.5
架空导线（导线在热力管道上方）		
1kV以上	外侧边缘1.5	1.5
1~10kV	外侧边缘2.0	2.0
35~110kV	外侧边缘4.0	3.0

注：当有困难时，在保证安全的前提下，道路路面边缘、排水沟边缘或路堤坡脚的交叉净距可减至4.5m。

（1）低支架敷设（图2-68）。在不妨碍交通及不妨碍厂区及街区扩建的地段，宜采用低支架敷设，沿厂区的围墙或平行于公路、铁路布线。管道（包括保温层）的外壁与地面净距不宜小于0.3m。

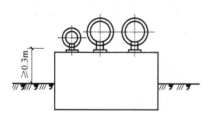

图2-68　低支架示意图

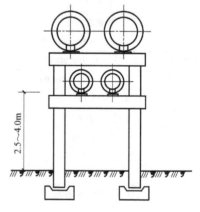

图2-69　中支架示意图

（2）中支架敷设（图2-69）。在人行频繁、需要通行大车的地方，可采用中支架敷设，管道外壁与地面净距不宜小于2.5m。

（3）高支架敷设（图2-70）。高支架敷设用于车辆通行地段，在支架跨越公路时，管道（包括保温层）的外壁与地面净距不应小于4.0m，穿越铁路时不应小于6.0m。

（二）地沟敷设

民用及公共建筑的热力管道多采用地沟敷设，根据其敷设条件有不通行地沟、半通行地

沟和通行地沟三种形式。

1. 不通行地沟 管道根数不多，又能同向坡度的热水采暖管道、高压蒸汽和凝结水管道，以及低压蒸汽的支管部分，均应尽量采用不通行管沟敷设，以节省造价。不通行管沟宽度一般不宜超过 1.5m，超过时可设计成双槽地沟。不通行地沟的断面尺寸应根据管道的布置情况确定，如图 2-71 所示，其断面尺寸以满足管道施工安装要求来决定，具体见表 2-7。

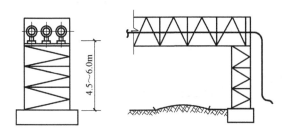

图 2-70 高支架示意图

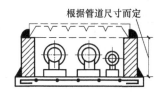

图 2-71 不通行地沟

表 2-7 地沟敷设有关尺寸　　　　　（单位：m）

名称 地沟类型	地沟净高	人行通道宽	管道保温层表面与沟壁净距	管道保温层表面与沟顶净距	管道保温层表面与沟底净距	管道保温层表面间净距
通行地沟	≥1.8	≥0.6	0.1~0.15	0.2~0.3	0.1~0.2	≥0.15
半通行地沟	≥1.4	≥0.5	0.1~0.15	0.2~0.3	0.1~0.2	≥0.15
不通行地沟			0.15	0.05~0.1	0.1~0.3	0.2~0.3

2. 半通行地沟 当管道根数较多且管道通过不允许经常开挖的地段时宜采用半通行地沟。半通行地沟的净高宜为 1.2~1.4m。当管道排列高度超过 1.2m 时，净高按需增高。如采用横贯地沟断面的支架，其下面的净高不宜小于 1.0m。

半通行地沟内管道应尽量采用沿沟壁一侧单排上下布置。人行通道净宽不应小于 0.6m。半通行地沟如图 2-72 所示。

3. 通行地沟 因投资费用大，一般不宜采用。管道通过不允许经常开挖的地段（穿过重要的交通运输线、城市马路时），或管道的数量多，且任一侧的管道排列高度（包括保温层在内）大于或等于 1.5m 时，可采用通行地沟，通行地沟的净高不宜小于 1.8m，通道净宽不宜小于 0.6m，通行地沟如图 2-73 所示。

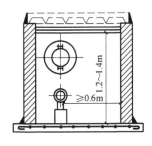

图 2-72 半通行地沟

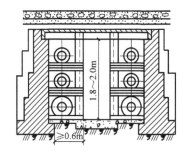

图 2-73 通行地沟

地沟宜设置在最高地下水位以上，并应采取措施防止地面水渗入沟内，地沟盖上部覆土厚度小于 0.3m，地沟的沟底宜有不小于 0.2% 的纵向坡度，并坡向检查井的集水坑。

半通行和通行地沟应有较好的自然通风，并设供检修人员出入的人孔。

标准地沟的做法如图 2-74 所示，按室内条件、室外一般条件（不过车）和小区次要道路汽车通过条件划分荷载等级。

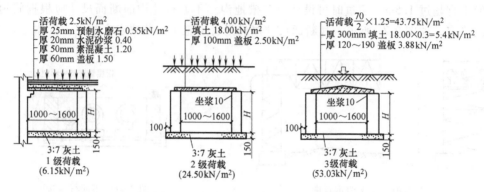

图 2-74　标准地沟做法及荷载等级

（三）直埋敷设

在与设置地沟敷设比较，技术上经济上合理时，对于直径 $DN \leqslant 500mm$ 的热力管道均可采用直埋敷设。直埋敷设一般使用在地下水位以上（并非绝对）的土层内，它是将保温后的管道直接埋于地下，节省了大量建造地沟的材料、工时和空间，其做法如图 2-75 所示。由于保温层与土壤直接接触，直埋敷设时要求保温材料除热导率小之外，还应吸水率低、电阻率高，并应具有一定的机械强度。为了防止水的侵蚀，保温结构应为整体无缝结构。直埋敷设的管道应有一定的埋设深度，外壳顶部的埋深应不小于表 2-8 的要求。

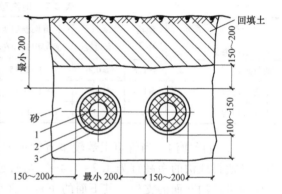

图 2-75　预制保温管直埋敷设
1—钢管　2—聚氨酯硬质泡沫塑料保温层
3—高密度聚乙烯保温外壳

表 2-8　直埋敷设管道最小覆土深度表

管径/mm	50~125	150~200	250~300	350~400	450~500
车行道下/m	0.8	1.0	1.0	1.2	1.2
非车行道下/m	0.6	0.6	0.7	0.8	0.9

四、管道的排水与排气

无论蒸汽、凝结水或热水管道，除特殊情况外，均有适当的坡度，其目的在于：

1）在停止运行时，利用管道的坡度排净管道中的水，最低点装泄水阀。

2）热水管和凝结水管，利用管道的坡度排除空气，在管道的最高点设排气阀。

3）蒸汽管，利用管道坡度排除沿途凝结水，在最低点装设输水设备。

设排气和排水装置的位置见图 2-76，对于半通行地沟，不通行地沟及直埋敷设的管线，应在管道上设阀门，排水、排气设备处或套筒补偿器处设检查井，对于架空管道，设置检查平台。

五、热力入口

室内采暖系统与室外供热管道的连接处，就是室内采暖系统的入口，也称作热力入口。系统的引入口宜设在建筑物负荷对称分配的位置，一般在建筑物的中部，敷设在用户的地下室或地沟内。入口处设有必要的仪表和调节、检测、计量设备。图 2-77 为热水采暖系统引入口的做法，蒸汽系统引入口的做法详见有关标准图集。

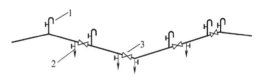

图 2-76　热水和凝水管道排气和排水装置位置示意图
1—排气阀　2—排水阀　3—阀门

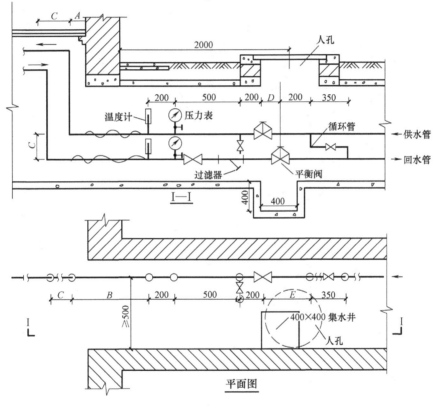

注：A、B、C、D、E 尺寸由设计确定。

图 2-77　热水系统入口安装图

六、小区换热站

小区换热站施工图也是由平面图、系统图、剖面图、节点详图、设计说明、图例、设备材料表等组成。下面以某住宅小区独立换热站为例，介绍小区换热站的识读方法。

本工程施工图包括：设计说明（图 2-78），设备材料明细表及图例（图 2-79），工艺设备平面布置图（图 2-80），工艺管线平面布置图（图 2-81），低区工艺流程图（图 2-82），高区工艺流程图（图 2-83），剖面图（图 2-84、图 2-85），水箱大样图（图 2-86）。

设计说明

一.设计依据

1.现行《城市热力网设计规范》CJJ34及现行《城镇供热管网工程施工及验收规范》CJJ28，

2.《暖通空调.动力技术措施》；

二.换热站热力系统

1.本系统一次网120℃高温热水进入板式换热器机组经过水—水换热器温度降至60℃后,返回热源。二次网进水经加热至60℃低温热水供至用户后，回水返回至二次网循环水泵，经过水—水换热器加热后循环输送至用户。换热站补给水采用城镇市政给水管网供水，外线入口管径为*DN*100，水压按0.4MPa计算。

2.换热站内工艺设备选用高效板式换热器机组，高区机组外形尺寸为6000mm×2200mm×1850mm,换热器单片换热面积为0.35m^2；低区机组外形尺寸为7000mm×2800mm×2400mm,换热器单片换热面积为1.20m^2。每个机组配置两台换热器，每台换热器的负荷率为总负荷的70%,正常状态下同时运行，事故状态下一台换热器低负荷运行,高区设置两台循环水泵，一用一备，低区设置两台循环水泵，一用一备，循环水泵均采用计算机变频自动控制；高低区机组各设补给水泵两台，均为一用一备。补水系统采用计算机变频自动控制，当循环系统内因缺水而压力不足时，压力传感器发出控制信号，启动补给水泵，系统补水。

3.机组应配置自动泄水电磁阀,当循环系统内因温升而压力增高时，泄水电磁阀在压力传感器的信号控制下自动泄水，以保证供热系统安全运行。

4.一次网供水干管、二次网回水干管进入机组前均安装快速除污器，为了防止换热器结垢以及保护二次网，高区机组二次网回水母管安装一台微电脑多频电子水处理器；低区机组换热器二次网进水管各安装一台微电脑多频电子水处理器。

5.一次网供水总干管安装热计量表，表前供回水干管间安装连通管，并在一次网回水管设置电动流量调节阀，以便根据二次网出水温度要求控制调节加热介质的流量。

6.循环水泵进出口侧的母管之间应设置旁通管,旁通管管径比母管小一号,旁通管上安装止回阀,止回阀安装方向是在水泵停运时，进水母管中的水能流向出水侧母管。

三.施工安装

1.换热站热水管道及其管件的材质均采用Q235B,管材选用螺旋焊接钢管，工作压力为1.60MPa。管道及设备需要安装的阀门和附件工作压力不应小于1.60MPa。

2.补给水箱采用玻璃钢制作，水箱配管安装见通用图。分水器和集水器及其支架的制作安装参见05K232。

3.管道穿墙及楼板时应设钢套管，套管内径应大于管道外径30mm，管道与套管之间应填充石棉绳。热力系统管道安装坡度0.002，高点设置放气，低点设置泄水。

4.站内一次网、二次网管道、分水器及集水器均采用橡塑保温，厚度为30mm，外缠压颜膜,管道的支、吊架均为滑动支架, 按05R417制作安装。管道转弯处除在图纸中特殊注明外均采用弯曲半径为直径1.5倍的冲压弯头。

5.管道除与设备阀件采用法兰连接或螺纹连接外，其余均采用焊接连接，焊条采用E4303，管道焊缝与支、吊架边缘的距离不小于50mm。管径＞*DN*150采用螺旋焊接钢管，管道的焊缝等级为IVB级，螺旋焊接钢管规格如下:*D*426×8、*D*377×8、*D*325×7、*D*273×6、*D*219×6；管径≤*DN*150采用无缝钢管，无缝钢管规格如下:*D*159×5、*D*133×4.5、*D*108×4、*D*89×4、*D*76×4、*D*57×3.5、*D*45×3、*D*32×3。

四.热工控制

1.换热站工艺系统应设置热工检测仪表和热工控制仪表系统。

2.检测参数如下：

热力入口：一次网入口压力、温度；一次网出口压力、温度；换热器：二次网(被加热水)进口温度、压力；二次网(被加热水)出口温度、压力；室外温度；分水器、集水器内压力、温度；循环水系统流量、供回水母管压力；每台循环水泵出口压力；自来水进水总流量；补给水量、补给水泵启动、停泵。

3.系统控制柜应具备指示、记录、累计、控制、报警、联锁功能。

五.技术要求

1.换热器机组的配管及设备间距应能满足维护检修方便的要求，所选用的设备、阀门及附件工作压力均不应小于1.60MPa。

2.换热站热力系统水压试验前应进行冲洗，并将除污器内杂质排掉，管道强度试验压力为设计压力的1.5倍，严密性试验压力为设计压力的1.25倍。检验要求在试验压力下10min内压力降不大于20kPa.

3.各种出户管线应与小区内庭院管网对接,施工过程中如发现问题及时与设计部门沟通，共同协商解决。

4.本说明未尽事宜按照《建筑给水排水及采暖工程施工质量验收规范》和《城市热力网设计规范》等有关国 家技术规范、标准进行施工及验收。

图 2-78　设计说明

图例

名称	符号	名称	符号
一次网供水管	——	可拆卸软接头	
一次网回水管	——	安全阀	
二次网供水管	----	电接点压力表	
二次网回水管	----	压力表	
自来水管	——	温度计	
蝶阀		除污器	
闸阀		管道支架	
止回阀	×	热计量表	
电动流量调节阀			

高区设备及主要材料明细表

序号	名称	规格与型号	单位	数量	备注
1	板式换热器	BRB0.35-1.6-100	台	(2)	
2	循环水泵	KQPL125/150-18.5/2 Q=150m³/h	台	(2)	屏蔽泵
3	变频柜	N=2.2kW	台	(1)	
4	补给水泵	KQDP32-4-8-10	台	(2)	H=80m
5	变频柜	N=2.2kW	台	(1)	
6	白铜球阀	QBE2002-P16	个	(2)	
7	法兰式蝶阀	D343 DN200(换热器一级网进出口及B除污器进出口)	个	(4)	
8	法兰式蝶阀	D343 DN100(换热器一级网进出口)	个	(4)	
9	减震喉	IH44X-16 DN200	个	(2)	
10	法兰式蝶阀	D343 DN40(补水泵进口)	个	(4)	
11	止回阀	IH44X-16 DN50	个	(1)	
12	减震喉	DN50	个	(4)	
13	减震喉	DN200	个	(4)	
14	进水电磁阀	DN25	个	(1)	
15	球阀	DN25	个	(1)	
16	压力传感器	QBE2002-P16	个	(1)	
17	电接点压力表	0~1.6MPa	个	(1)	含压力表阀门
18	压力表	0~1.6MPa	个	(8)	含压力表阀门
19	温度计	0~100℃(换热器进出口0~150℃换热器进出口)	个	(各4)	
20	减震台座	用于换热器机组	套	(1)	机组配套
21	自动反冲洗器		台	1	
22	水处理器	微电脑多频(TL-58)	个	1	
23	排污阀	DN200(用于除污器旁通管)	个	1	金属硬密封
24	排污阀	DN80(用于除污器Z41H1.6C)	个	2	
25	黏结滞阀安全阀	DN25 Pn1.6 二次网供回水干管	个	2	
26	温度传感器	0~100℃ 二次网供回水干管	个	2	
27	电阻远传压力表	0~1.6MPa 二次网供回水干管	个	(4)	
28	法兰式蝶阀	D343 DN125(换热器二级网出口)	个	9	含压力表阀门
29	自动排气阀	DN25(二次网供回水最高点)	个	9	
30	球阀	DN25(用于自动排气调阀后、安全阀后)	个	3	
31	闸阀	Z41H-16 补水管 DN40	个	1	

高低区共用设备及主要材料明细表

序号	名称	规格与型号	单位	数量	备注
A	法兰式蝶阀	DN300(一次网除污器出口)	个	2	金属密封
B	法兰式蝶阀	DN200(高区热计量表旁通管)	个	2	金属密封
C	法兰式蝶阀	DN250(低区热计量表旁通管)	个	2	金属密封
D	电动流量调节阀	DN150℃、低区网回水管	个	2	
E	热计量表	超声波热量表 测温范围2~160℃ DN300	套	1	
F	自动反冲洗器		个	1	
G	自动排气阀		个	1	
H	法兰式蝶阀	DN80(用于除污器Z41H1.6C)	个	1	
I	补给水箱	3000×3000×2000(mm)	个	1	钢制暖水箱
J	闸阀	(水箱进出口DN100/溢水管DN50)	个	3	金属密封
K	滚位控制阀		个	4	起浮球阀
L	法兰式蝶阀	Pn1.6 DN100	个	2	合压力表阀门
M	压力表	0~1.0MPa(一次网低水器污前后)	个	1	
N	室外温度传感器	DN150/DN200(用于电流流量阀清端污浊各个)	个	1	

低区设备及主要材料明细表

序号	名称	规格与型号	单位	数量	备注
1	板式换热器	BRB1.2-160	台	(2)	
2	循环水泵	KQPL250/315-75/4 Q=550m³/h	台	(2)	屏蔽泵
3	变频柜	N=90kW	台	(1)	
4	补给水泵	KQPL50/200-5.5-2	台	(2)	H=50m
5	变频柜	N=7.5kW	台	(1)	
6	白铜球阀	QBE2002-P16	个	(2)	
7	法兰式蝶阀	D343 DN300(换热器一级网进出口)	个	(4)	
8	法兰式蝶阀	D343 DN200(换热器一级网进出口)	个	(4)	
9	减震喉	IH44X-16 DN30	个	(3)	
10	法兰式蝶阀	D343 DN65(补水泵进口)	个	(4)	
11	止回阀	IH44X-16 DN65	个	(1)	
12	减震喉	DN65	个	(4)	
13	减震喉	DN300	个	(4)	
14	进水电磁阀	DN25	个	(1)	
15	球阀	DN25	个	(1)	
16	压力传感器	QBE2002-P16	个	(1)	
17	电接点压力表	0~1.0MPa	个	(1)	含压力表阀门
18	压力表	0~1.0MPa	个	(8)	含压力表阀门
19	温度计	0~100℃(换热器进出口0~150℃换热器进出口)	个	(各4)	
20	减震台座	用于换热器机组	套	(1)	机组配套
21	自动反冲洗器		台	1	
22	水处理器	微电脑多频(TL-858)	个	1	
23	排污阀	DN300(用于除污器旁通管)	个	1	
24	排污阀	DN80(用于除污器Z41H1.6C)	个	2	金属硬密封
25	黏结滞阀安全阀	DN25 Pn1.6 二次网供回水干管	个	2	
26	温度计滞安全阀	0~100℃ 二次网供回水干管	个	2	
27	电阻远传压力表	0~1.0MPa 二次网供回水干管	个	2	
28	温度计	0~100℃(分水器·集水器)	个	9	
29	法兰式蝶阀	D343 DN125(换热器二级网出口)	个	11	含压力表阀门
30	法兰式蝶阀	DN350(集水器-换热器)	个	3	
31	自动排气阀	DN25(用于自动排气调阀后、安全阀最高点)	个	1	
32	球阀	DN25(二次网供回水调阀后、安全阀后)	个	6	
33	排污阀	DN100(分水器·集水器Z41H1.6C)	个	2	
34	分水器	DN600 L=3930	个	1	
35	集水器	DN600 L=2960	个	1	
36	法兰式蝶阀	DN200(2个)/DN250 (4)	个	6	金属硬密封
37	闸阀	Z41H-16 补水管 DN65	个	1	
38	法兰式蝶阀	D343 DN250(换热器一级网进出口)	个	(14)	金属硬密封

图2-79　主要设备材料及图例

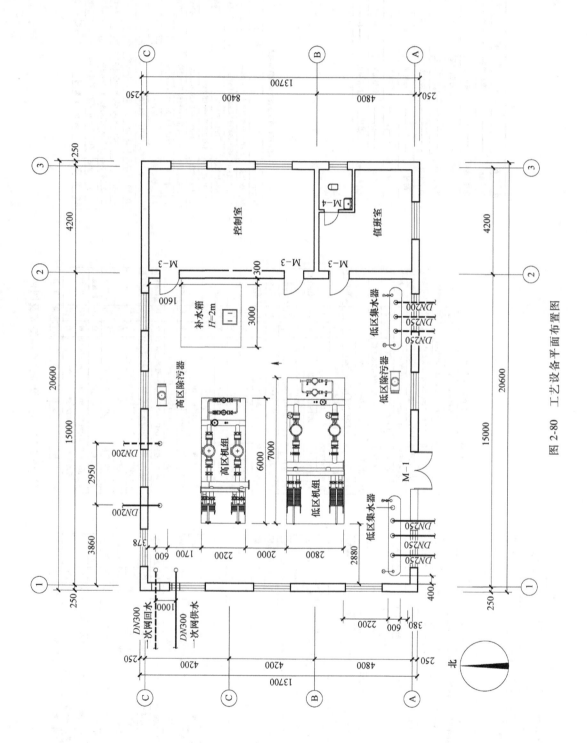

图 2-80 工艺设备平面布置图

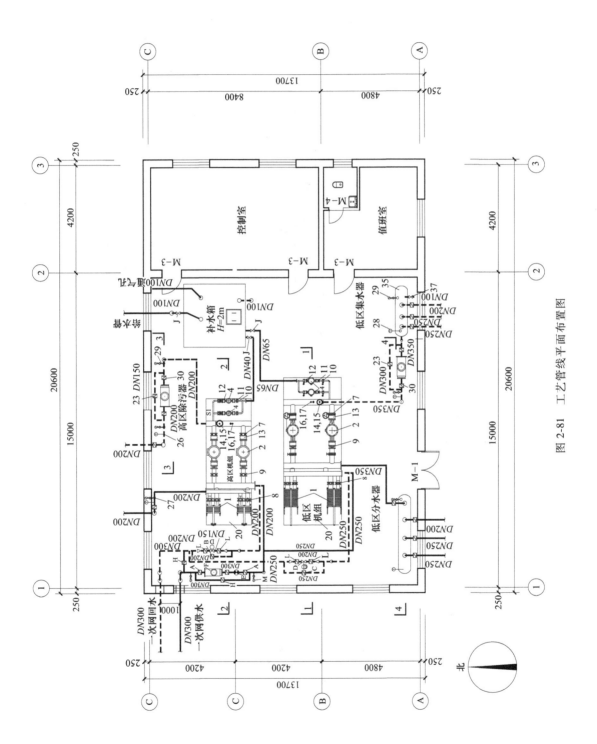

图 2-81　工艺管线平面布置图

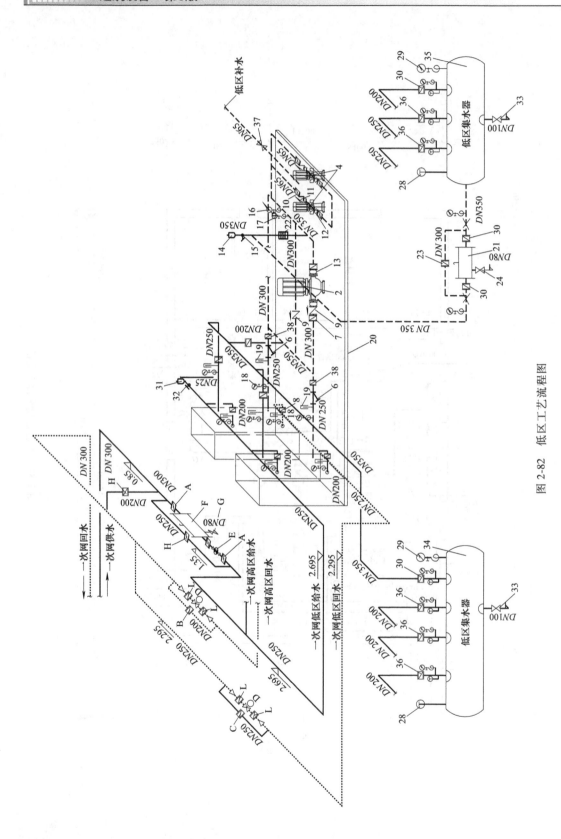

图 2-82 低区工艺流程图

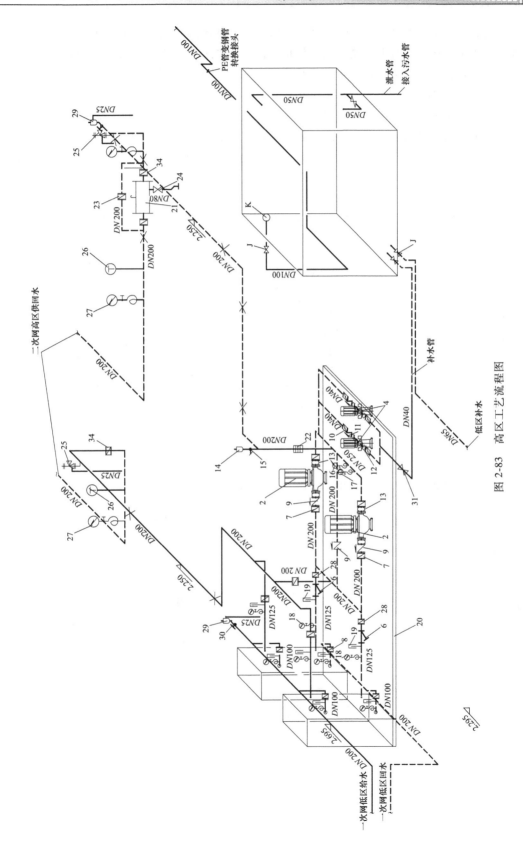

图 2-83　高区工艺流程图

该换热站规划供热面积 19 万 m²，站内设高、低区两套换热机组，换热机组采用板式换热器、循环水泵、补给水泵联体的一体机，高区供热面积 3 万 m²，低区供热面积 16 万 m²，板式换热器、循环水泵、补给水泵均采用一用一备，种类、型号、规格及工艺参数见设备材料明细表（图 2-79），设备选型适当考虑了远期热负荷的发展。

本小区换热站为民用水—水式间接式换热站，一次网（即热源至换热站之间的管网系统）热媒参数：供水温度 120℃，回水温度 60℃，设计压力 1.0MPa；二次网（即换热站至热用户之间的管网系统）热媒参数：供水温度 70℃，回水温度 50℃，设计压力 0.6MPa。

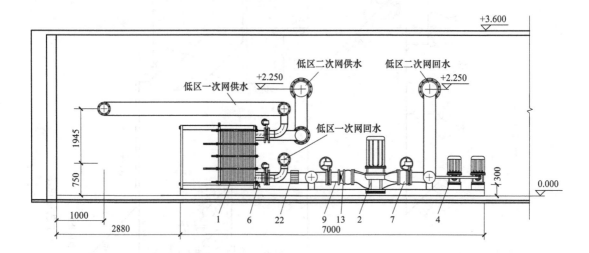

1—1工艺剖面图 1:50

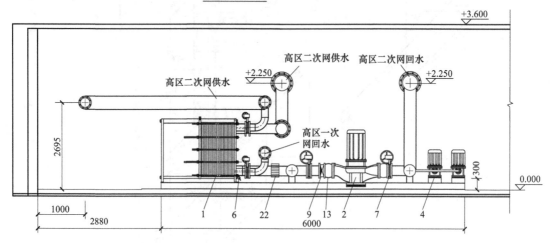

2—2工艺剖面图 1:50

图 2-84　1—1、2—2 工艺剖面图

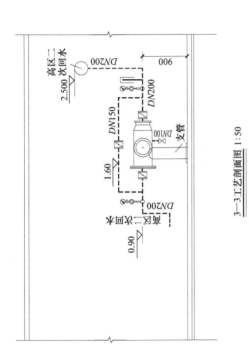

3—3工艺剖面图 1:50

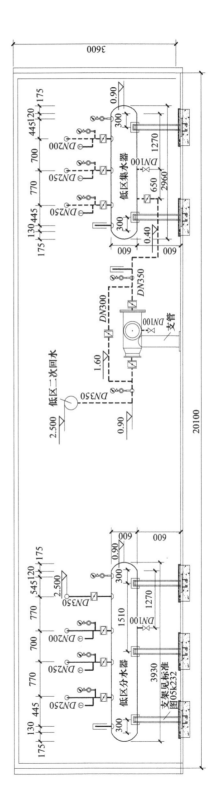

4—4工艺剖面图 1:50

图 2-85　3—3、4—4 工艺剖面图

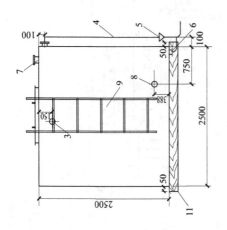

II—II 剖面图

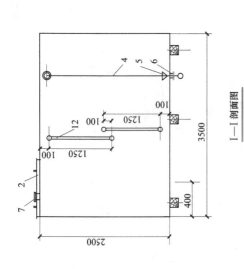

I—I 剖面图

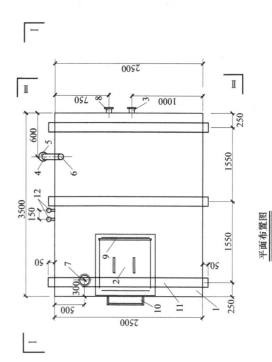

平面布置图

I

II

说明：
1. 矩形玻璃钢板水箱安装参照05K232。
2. 所有管接头均采用法兰连接。

序号	名称	规格型号	单位	数量	备注
12	玻璃管水位计	1250×2	个	2	
11	浸油枕木	300×300	个	3	
10	外人梯	H=2500	个	1	
9	内人梯	H=2500	个	1	
8	出水管	DN100	个	1	
7	通气管	DN100	个	1	
6	排污管	DN100	个	1	
5	溢流管	DN150	个	1	
4	排水漏斗	DN100	个	1	
3	进水管	DN100	个	1	
2	人孔	700×700	个	1	
1	高位水箱	3500×2500×2500(mm)	个	1	

图 2-86　水箱大样图

第九节　建筑采暖施工图

一、制图的基本规定

（1）图纸幅面规格符合有关尺寸的要求。

（2）采暖工程专业图常用图例可参照表2-9，也可以自行补充，但应避免混淆。

表2-9　图例

序号	名　称	图　例	序号	名　称	图　例
1	管道	——A—— ——F—— — — —	14	截止阀	
			15	闸　阀	
2	采暖 供水（汽）管 回（凝结）水管		16	止回阀	
3	伴热管		17	安全阀	
4	金属软管		18	减压阀	
5	方形补偿器		19	膨胀阀	
6	套管补偿器		20	散热器放风门	
7	波纹管补偿器		21	手集气罐、放气阀	
8	弧形补偿器		22	自动排气阀	
9	球形补偿器		23	疏水器	
10	流　向	→　或　⇨			
11	法兰封头或管封		24	三通阀	
12	导向支架		25	旋　塞	
13	固定支架		26	电磁阀	

（续）

序号	名 称	图 例	序号	名 称	图 例
27	角 阀		31	散热器	
28	蝶 阀		32	平衡阀	
29	四通阀		33	Y 形过滤器	
30	节流孔板		34	暖风机	

（3）管道标高一律注在管中心，单位为 m。标高注在管段的始、末端，翻身及交叉处，要能反映出管道的起伏与坡度变化。

（4）管径规格的标注，焊接钢管一律标注公称直径，并在数字前加"DN"，无缝钢管应标注外径×壁厚，并在数字前加 D，例如：D89×4 指其外径为 89mm，而其壁厚为 4mm。

（5）散热器的种类尽量采用一种，可以在说明中注明种类、型号，平面及立管系统图中只标注散热器的片数或长度，种类在两种或两种以上时，可用图例加以区别，并分别标注。标注方法见表 2-9。

（6）采暖立管的编号，可以用 8~10mm 中线单圈，内注阿拉伯数字，立管编号同时标于首层、标准层及系统图（透视图）所对应的同一立管旁。系统简单时可不进行编号。系统图中的重叠、密集处，可断开引出绘制，相应的断开处宜用相同的小写拉丁字母注明。

二、采暖系统施工图的组成

采暖系统施工图包括采暖平面图、系统轴测图、详图、设计和施工说明、图例、图纸目录、设备材料明细表等。

1. 采暖平面图　采暖平面图利用正投影原理，采用水平全剖的方法，表示出建筑物各层供暖管道与设备的平面布置，应连同建筑平面图一起画出。内容包括：

（1）标准层采暖平面图。应表明立管位置及立管编号，散热器的安装位置、类型、片数及安装方式。

（2）顶层采暖平面图。除了有标准层平面图相同的内容外，还应表明总立管、水平干管的位置、走向、立管编号、干管坡度及干管上阀门、固定支架的安装位置与型号，集气罐、膨胀水箱等设备的位置、型号及其与管道的连接情况。

（3）底层平面图。除了有与标准层平面图相同的内容外，还应表明引入口的位置，供、回水总管的走向、位置及采用的标准图号（或详图号），回水干管的位置，室内管沟（包括过门地沟）的位置和主要尺寸，活动盖板和管道支架的设备位置。

采暖平面图常用的比例有 1：50、1：100、1：200 等。

2. 系统的轴测图 系统轴测图又称系统图，是表示采暖系统的空间布置情况，散热器与管道的空间连接形式，设备、管道附件等空间关系的立体图。在图上要标明立管编号，管段直径，管道标高，水平干管坡度及坡向，散热器片数及集气罐、膨胀水箱、阀件的位置、型号规格等。其比例与平面图相同。

3. 详图 详图表示采暖系统节点与设备的详细构造与安装尺寸要求。详图用来表明平面图和系统图中表示不清，又无法用文字说明的地方，如热力引入口装置、膨胀水箱的构造与配管、管沟断面、保温结构等。如能选用国家标准图时，可不绘制详图，但要加以说明，给出标准图号。

常用比例有 1：10~1：50。

4. 设计、施工说明 用文字说明设计图样无法表达的问题。如设计依据，系统形式。热媒参数、进出口压差，散热器的种类、形式及安装要求，管道管材的选择、连接方式、敷设方式，附属设备（阀门、排气装置、支架等）的选择，防腐、保温做法及要求，水压试验要求等。如果施工中还需参照有关专业施工图或采用标准图集，还应在设计、施工说明中说明参阅的图号或标准图号。

三、采暖施工图的识读

以某企业的一幢三层办公楼为例。施工图包括采暖设计说明及图例（图 2-87）、一层（底层）采暖平面图（图 2-88）、二层（标准层）采暖平面图（图 2-89）、三层（顶层）采暖平面图（图 2-90）、采暖系统图及散热器安装节点详图（图 2-91）。平面图及系统图比例均为 1：100，节点详图比例为 1：20。

该系统采用机械循环水平跨越式热水采暖系统，供水温度 85℃，回水温度 60℃。

热力引入口位于该办公楼西南侧，供水引入管设在距南侧内墙 1.5m 的地沟内，供水引入管与回水干管同沟敷设，垂直安装，供水引入管设计标高为-1.7m，回水干管设计标高为-2.0m。进入室内的供水总管沿室内地沟引向南向，在①轴线右侧垂直上升至顶层楼板下，供水总立管顶部设置自动排气阀，回水总立管设置于 B 轴线南侧，顶部也设置自动排气阀，自动排气阀前均应安装截止阀。

室内供、回水干管的设计标高均为-0.5m，敷设于室内地沟内，地沟内的管道均应保温。供、回水干管及总立管均采用焊接钢管，管径均用公称直径 DN 表示，$DN \leqslant 32mm$ 时采用螺纹连接；$DN \geqslant 40mm$ 时采用焊接。

各层散热器与管道均采用水平跨越式连接，各散热器供水支管上均安装温控阀，自动调节进入各组散热器的流量。每层水平供水干管分南、北两个环路，环路始、末端均安装螺纹闸阀。水平供、回水管均采用 PP-R（无规共聚聚丙烯）塑料管，管径用内径 De 表示。PP-R管采用热熔连接，直接埋设于面层内，施工时应预留施工槽，槽宽 100mm，槽深大于或等于 30mm。散热器安装完毕后应进行水压试验，试验压力为 0.6MPa。试验完毕后，应在地面上涂线标明 PP-R 管的位置，以防二次装修时破坏。

该系统散热器选用灰铸铁翼型散热器，片数均标在平面图上，水平连接时每组散热器上端均安装手动放风阀，每组散热器与管道均采用同侧上进下出的连接方式。

采暖设计说明

一、设计依据

现行《采暖通风与空气调节设计规范》GB 50019；

现行《建筑给水排水及采暖工程施工质量验收规范》GB 50242；

土建专业提供的设计图纸及相关要求。

二、供暖形式及参数选择

供暖形式为水平串联跨越式（带温控阀），供暖管道入户采用地沟敷设，入口装置见辽 2002T9041—14。供暖热媒采用85～60℃温水。

三、设计参数

冬季采暖室外计算温度：-19℃，冬季室外平均风速：3.1m/s。

采暖室内计算温度：办公室、卫生间18℃；车室5℃。

本工程采用节能设计，围护结构热工计算参数：

玻璃窗：$k=2.7W/(m^2 \cdot ℃)$，屋顶：$k=0.46W/(m^2 \cdot ℃)$。

外墙：$k=0.46W/(m^2 \cdot ℃)$，地面：$k=0.3W/(m^2 \cdot ℃)$。

建筑物采暖的热负荷和压力损失

$Q=43.3kW$，$H=7.0kPa$，

建筑物热负荷指标为：$57.7W/m^2$。

四、

五、采暖管道

进户及立管为焊接钢管，其余均为PP-R热水管，热熔连接。

PP-R热水管选用采用压力为1.6MPa的管材及管件。

地沟内管道保温见辽2003T904-4（111）。采暖管道阀门为全铜闸阀。

散热器选用内腔无砂灰铸铁翼型：TY2.8/5-7，安装参见辽2004T902-31、32。

散热器均为内腔无粘砂。

六、

管道穿端处设钢套管，穿楼板处设钢套管，安装参见辽2002T901-60、61。

水平管与支架间距及安装见辽2002T901-52。

明设管道、散热器及支架等表面涂防锈底漆一遍，非金属涂料涂两遍，暗装管道涂防锈

七、

底漆两遍。散热器组对后，以及整组出场的散热器在安装之前应作水压试验。试验压力为0.6MPa。试验完毕后，在地面涂上PP-R管的位置。

八、采暖立管顶端设自动排气阀，室内每组组散热器设手动放风门，卫生间预留功率36W的换气扇容量。

九、采暖系统应作水压试验。系统顶点试验压力为0.4MPa，系统最低点试验压力为0.55MPa，压力降不大于0.05MPa，稳压2h，压力降不大于0.03MPa，同时各连接处不渗不漏为合格。系统冲洗完毕后应充水、加热，进行试运行和调试。

十、未尽事宜，请按现行国标 GB 50242《建筑给水排水及采暖工程施工质量验收规范》及有关的规范、规程的规定执行。

图 例

序 号	管道类别	管道代号
1	采暖供水管	—— NG ——
2	采暖回水管	—— NH ——
3	焊接钢管管径	DN
4	PPR 塑料管管径	De
5	闸 阀	
6	温控阀	
7	散热器	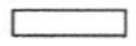
8	自动排气阀	
9	截止阀	
10	固定支架	米
11	管道翻转	
12	管道标高	
13	坡度及坡向	i

图 2-87 采暖设计说明

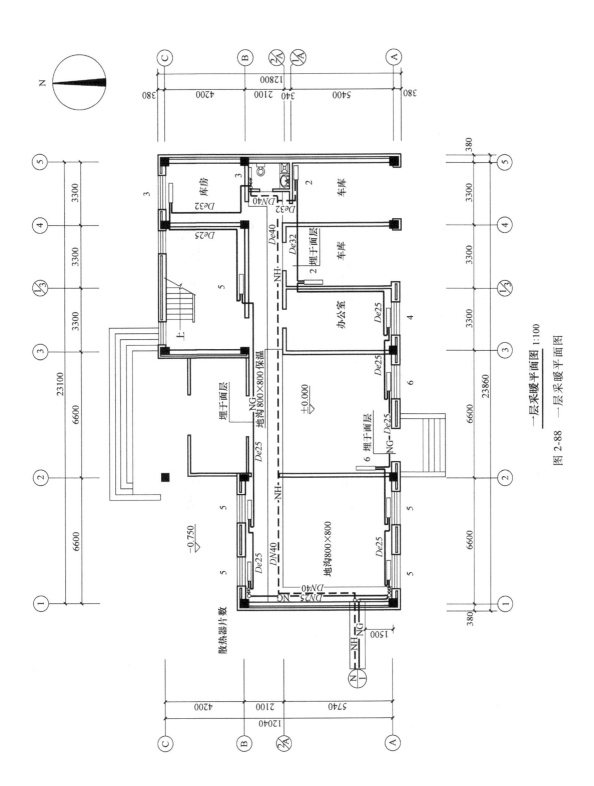

图 2-88　一层采暖平面图

一层采暖平面图 1:100

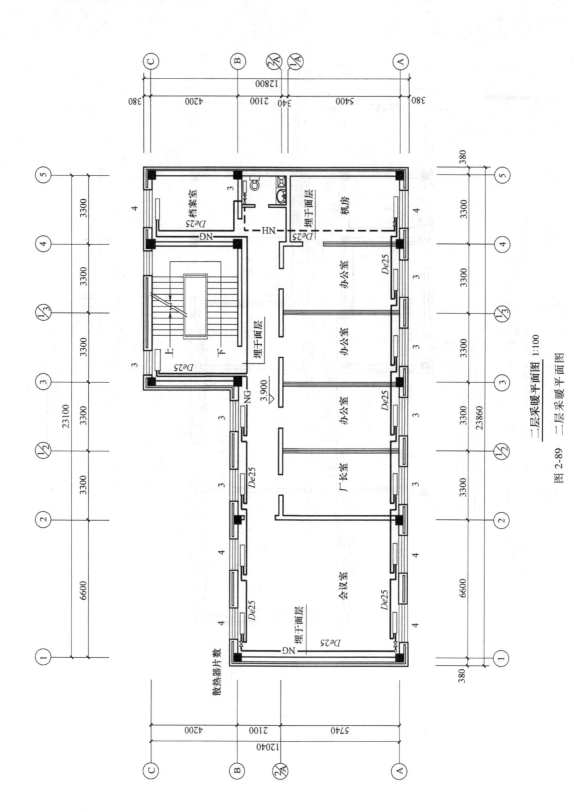

二层采暖平面图 1:100

图 2-89 二层采暖平面图

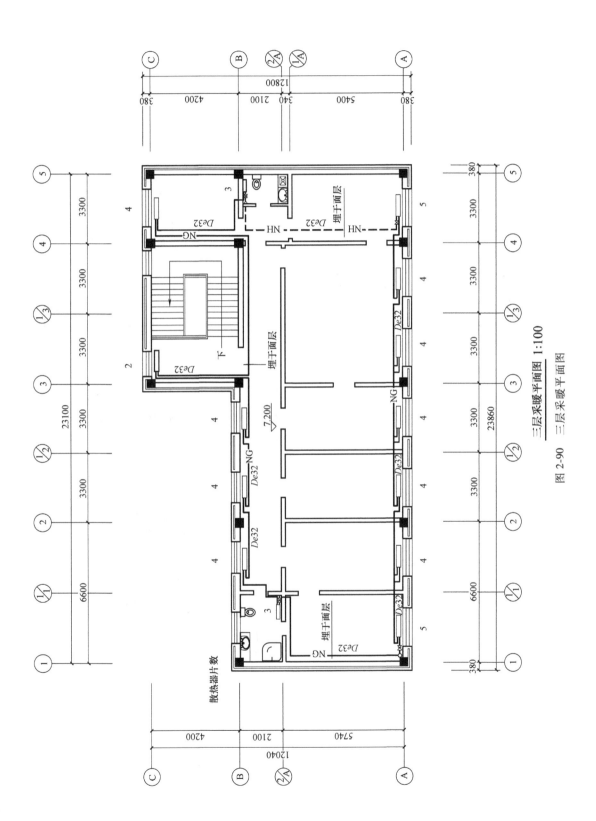

三层采暖平面图 1:100

图 2-90　三层采暖平面图

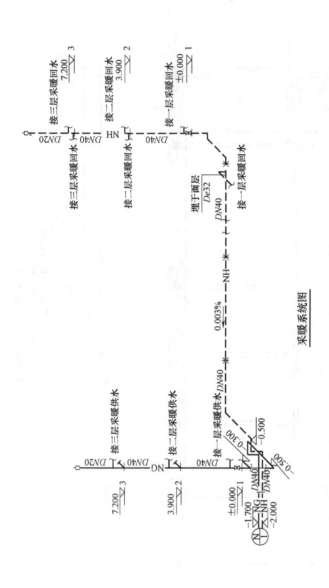

采暖系统图

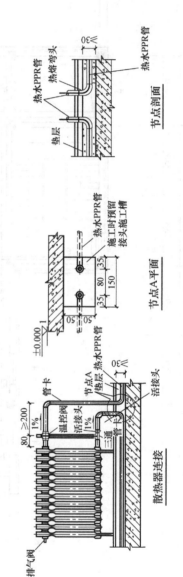

水平串联跨越式散热器安装

图 2-91 采暖系统图

小　结

集中供热系统由热源、热网、热用户三部分组成。热源分为区域锅炉房供热系统和热电厂供热系统。本章主要介绍区域锅炉房供热系统的分类、组成、工作原理及布置要求。

热用户分为采暖热用户、通风空调热用户、热水供应热用户及生产工艺用热。本章主要介绍采暖热用户。采暖系统按循环动力不同分为自然循环和机械循环；按热媒不同分为热水采暖、蒸汽采暖及热风采暖；按换热方式不同分为对流采暖和辐射采暖；按采暖系统服务的区域不同分为集中采暖、全面采暖和局部采暖；按采暖时间不同分为连续采暖、间歇采暖、值班采暖。本章主要介绍热水采暖及蒸汽采暖系统的组成、工作原理，采暖系统常见形式。

散热器是采暖系统的末端装置，散热器按其制造材料分为铸铁、钢制和其他材料；按结构形式分为管型、翼型、柱型和平板型；按传热方式分为对流型和辐射型。本章主要介绍常见散热器的结构形式、构造尺寸和特点。

膨胀水箱、排气装置、调节控制阀门、伸缩器与支架是采暖系统不可缺少的附属设备，本章主要介绍各种附属设备的结构形式、构造特点及布置敷设要求。

暖风机是热风采暖的主要设备，由吸风口、风机、空气加热器和送风口等部件组成，有轴流式和离心式两种类型。钢制辐射板、地板辐射加热盘管是辐射采暖的主要设备，本章主要介绍上述设备的构造特点及布置、敷设要求。同时介绍采暖管道的布置和安装要求。

锅炉是供热源。本章主要介绍锅炉及锅炉房辅助设备的组成、工作原理、锅炉房设备的布置要求及锅炉房对土建的要求，能识读锅炉房工艺施工图。

热网又称室外供热管网，热网的布置形式分枝状管网和环状管网，热网的敷设方式分架空敷设、地沟敷设和直埋敷设。本章主要介绍不同敷设方式的特点、使用条件和敷设要求。

热网与热用户的连接分为热力引入口和小区换热站。本章主要介绍热力引入口和小区换热站设备的组成、布置要求。

室内采暖系统施工图由平面图、系统图、详图、设备材料表、设计说明等部分组成。本章主要介绍各部分施工图的绘制内容，识读施工图的方法及通用图例的表示方法。

复习思考题

1. 集中供热系统由哪三部分组成？

2. 集中供热系统分为哪些类型？

3. 区域热水锅炉房供热系统的工作原理是什么？

4. 区域热水锅炉房供热系统由哪些主要设备组成？

5. 简述采暖的概念及采暖系统的分类？

6. 自然循环热水采暖系统的工作原理是什么？

7. 自然循环热水采暖系统的作用压力与哪些因素有关？

8. 机械循环热水采暖系统由哪些部分组成？

9. 与自然循环相比，机械循环热水采暖系统有哪些特点？

10. 机械循环热水采暖系统常见形式有哪些种类，适用于什么场合？

11. 按供汽压力不同，蒸汽采暖系统分为哪几种？

12. 按回水方式不同，蒸汽采暖系统分为哪几种？

13. 按结构形式不同，散热器分为哪几种？

14. 按制造材料不同，散热器分为哪几种？

15. 简述常用铸铁散热器的结构形式。

16. 膨胀水箱的作用是什么？设置在系统中什么位置？水箱间的设置应满足什么条件？

17. 常见的排气装置有哪些种类？

18. 采暖系统中控制阀门有哪些种类，起什么作用？

19. 简述地板辐射采暖的结构层次及主要设备。

20. 采暖系统中常用管材有哪些？常用连接方式有哪些？

21. 采暖系统应在哪些位置设置阀门？

22. 采暖系统应怎样进行防腐和保温？

23. 采暖系统中管道支架安装有哪些具体要求？

24. 小区供热管网有哪些敷设方式，其结构特点是什么？

25. 热力引入口由哪些必要的设备组成，尺寸应满足什么要求？

26. 小区换热站由哪些必要的设备组成，尺寸应满足什么要求？

第三章

通风与空气调节

> **学习目标**：通过本章学习，掌握通风系统的分类和组成，空调系统的分类与组成，空调系统的各种空气处理过程以及设备、空调制冷的基本原理；了解通风的任务和意义，通风工程施工中的要求及通风工程施工图的识读；了解空调工程施工中空调机房和管道的布置，空调系统和建筑的配合，空调系统的试运转以及通风空调施工图的相关内容。

第一节　通风系统的分类与组成

一、通风的任务

通风就是把室内的污浊空气直接或经净化后排至室外，把新鲜空气或经处理的符合室内空气环境卫生标准和满足生产工艺需要的空气送入室内。

在工业建筑中，不同的生产工艺和生产过程会产生不同的室内污染物，会恶化室内的空气环境，对人们的身体健康造成危害，同时也妨碍机器设备的正常运转，对工业生产造成一定的影响。工业通风的主要任务就是控制工业生产过程中产生的粉尘、有毒有害气体和高温高湿气体，创造良好的生产环境，保护人体健康。

在普通的民用建筑和小型的轻微污染工业建筑中，一般只采用门窗孔口换气、穿堂风降温、用电风扇提高空气流速等一些简单的措施来保持室内的空气清洁新鲜。而在一些大型的公共建筑以及科学研究、国防工程等领域的一些场所中，根据工艺特点和满足人体舒适的要求，对空气温度、湿度、流速及清洁度等进行人工调节，这种通风技术就是空气调节。空气调节应用于工业生产和科学试验过程一般称为工艺性空调，而应用于以人为主的环境则称为舒适性空调。如在合成纤维工业中，锦纶长丝多数工艺要求相对湿度控制精度为±2%，属工艺性空调。在一些公用性建筑物，如商场、剧院、办公室等，为了有一个舒适的空气环境，不仅要求有一定湿度和温度，而且要求及时排出污浊空气，保持空气清新，应属于舒适性空调。

二、通风系统的分类

建筑通风包括从室内排除污浊空气和向室内补充新鲜空气。前者称为排风，后者称为送风。为实现排风和

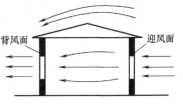

图 3-1　风压作用下的自然通风

送风，所采用的一系列设备、装置总体称为通风系统。通风系统按通风工作原理不同，可分为自然通风和机械通风两类。

（一）自然通风

自然通风主要是依靠风压和热压来进行室内外空气交换，从而改善室内空气品质。

风压作用下的自然通风如图3-1所示。当有风吹过建筑物时，在迎风面上空气流动受到阻碍，室外空气把自身流动所具有的动压转化为静压，使该处压力高于大气压力。在建筑背面和顶面形成涡流，且压力低于大气压力。由于压力差的存在，空气从迎风面压力高的窗孔流入室内，再于背风面压力低的窗孔流出，形成了室内空气流动。

热压作用下的自然通风如图3-2所示。当因室内热源加热或其他因素造成室内空气温度升高时，室内空气密度减小，就会从建筑物的上部排出去。同时较重的室外空气会从下部门窗补充进来，形成空气流通和交换。热压大小除了与室内外温差大小有关外，还与建筑物高度有关。高度越高，温差越大，热压就越大，通风效果也越好。

图3-2 热压作用下的自然通风

自然通风的优点是经济；缺点是效果不稳定，受气候影响较大。在某些情况下，自然通风与机械通风混合使用，可达到较好效果。

（二）机械通风

依靠通风机提供动力，促使空气流动，进行室内外空气交换的方式称为机械通风。与自然通风相比，机械通风中风机产生的压力能克服较大的阻力，而且能对送风进行加热、冷却、加湿、干燥等处理，也能对污浊空气进行净化除尘，其通风量较为稳定，不受外界气候的影响。

机械通风系统按照应用范围不同，又分为局部通风和全面通风两种。

1. 局部通风　通风的范围限制在有害物形成比较集中的地方，或是工作人员经常活动的局部地区的机械通风被称为局部通风。局部通风又分局部排风和局部送风。

图3-3为一机械局部排风系统。为了减少生产过程中产生的有毒、有害气体对室内空气环境的污染，在有害物散发地点设局部排风罩，把有害物和空气一起吸入罩内，经风管和风帽及排风处理（除尘、净化、回收）装置排至室外。

图3-4为一局部机械送风系统，对于车间面积很大、工作地点比较固定的厂房，要改善整个车间的空气环境是比较困难的，在这种情况下，经过冷却、减湿等处理的空气，由送风系统直接送至工人的活动区域，改善工人劳动条件，提高劳动生产率。

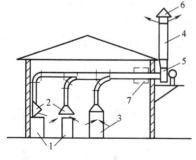

图3-3 局部机械排风系统

1—工艺设备　2—局部排风罩　3—排风柜
4—风道　5—风机　6—排风帽　7—排风处理装置

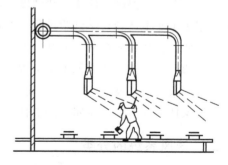

图3-4 局部机械送风系统

2. 全面通风　由于生产条件的限制，不能采用局部通风或采用局部通风后室内环境仍不符合卫生和生产要求时，可以采用全面通风，在车间或房间内全面进行空气交换。全面通风又可分为以下几种。

（1）全面排风。图 3-5 是一种全面通风方式。在风机作用下，把室内污浊空气排至室外，同时造成室内负压，在负压作用下室外新鲜空气经窗口流入室内，补充排风。采用这种通风方式，室内污浊空气不能流入相邻房间，适用于室内空气较为污浊的地方，如厨房、厕所等。

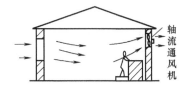

图 3-5　用轴流通风机
排风的全面通风

（2）全面送风。图 3-6 是利用通风机把室外新鲜空气（或经过处理的空气）经风管和送风口直接送到指定地点，对房间进行全面换气，稀释室内污浊空气。由于室外空气的不断送入，室内空气压力升高，使室内压力高于室外大气压力，在这个压力作用下，室内污浊空气经门窗排至室外。采用这种通风方式，周围相邻房间空气不会流入室内。它适用于室内空气较为清洁的地方，如旅馆客房、医院手术室。

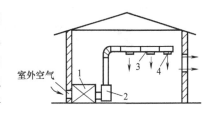

图 3-6　用离心风机送风的
全面通风
1—空气处理室　2—风机
3—风管　4—送风口

（3）全面送排风。在很多情况下，往往采用全面送风和全面排风相结合的全面送排风系统。全面送排风系统多用在门窗密闭，自行排风或进风比较困难的地方，房间的正压或负压可通过调节送风量或排风量来保证。

三、通风系统的组成

（一）风道

通风系统中，把经过处理的清洁空气输送到室内各区域，而把室内污染空气排出室外的管道系统称为风道。

1. 风道的形式　风道的形式一般采用圆形或矩形。圆形风管耗材少、强度大，但加工复杂，不易布置，常用于暗装。矩形风管易布置、易加工，使用较普遍，对于矩形风管，宽高比宜小于 6，最大不应超过 10。

2. 风道的材料　风道的常用材料为镀锌薄钢板，常用于潮湿环境中通风系统风管及配件、部件的制作。对于洁净度要求高或有特殊要求的工程常采用不锈钢或铝板制作，对于有防腐要求的工程可采用塑料或玻璃钢制作。采用建筑风道时，一般用砖、钢筋混凝土等制作。

3. 风道的布置　风道的布置应在进风口、送风口、排风口、空气处理设备、风机的位置确定之后进行。风道布置原则应该服从整个通风系统的总体布局，并与土建、生产工艺和给水排水等各专业互相协调配合；应使风道少占建筑空间并不得妨碍生产操作；风道布置还应尽量缩短管线、减少分支、避免复杂的局部管件；便于安装、调节和维修；风道布置应尽量避免穿越沉降缝、伸缩缝和防火墙等；埋地风道应避免与建筑物基础或生产设备底座交叉，并应与其他管线综合考虑；风道在穿越火灾危险性较大房间的隔墙、楼板处以及垂直和水平风道的交接处，均应符合防火设计规范的规定。

在某些情况下可以把风道和建筑物本身构造密切结合在一起。如民用建筑的竖直风道，通常就砌筑在建筑物的内墙里。为了防止结露影响自然通风的作用压力，竖直风道一般不允许设在外墙中，否则应设空气隔离层。相邻的两个排风道或进风道，其间距不应小于 1/2 砖厚；相邻的进风道和排风道，其间距不应小于 1 个砖厚。风道的断面尺寸应按照砖的尺寸取整数倍，其最小尺寸为 1/2×1/2 砖厚，如图 3-7 所示。如果内墙墙壁尺寸小于 3/2 砖厚时，应设贴附风道，如图 3-8 所示，当贴附风道沿外墙内侧布设时，应在风道外壁和外墙内壁之间留有 40mm 厚的空气保温层。

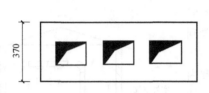

图 3-7　内墙风道

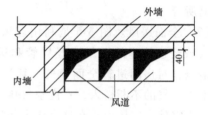

图 3-8　贴附风道

工业通风管道常采用明装。风道用支架支承沿墙壁敷设，或用吊架固定在楼板、桁架之下。在满足使用要求的前提下尽可能布置得美观。

（二）通风机

通风机是输送气体的机械，在通风工程中，常见的通风机有离心式和轴流式两种。

1. 离心式通风机　离心式通风机主要由外壳、叶轮及吸风口组成，机壳构造如图 3-9 所示。其工作原理是借助于叶轮旋转时产生的离心力而使叶轮中的气体获得压能和动能从排风口排出，叶轮中心形成真空，吸风口外面空气在大气压作用下被吸入叶轮。

离心式通风机按风机产生的压力高低来划分有：

（1）高压通风机——$p>3000Pa$，一般用于气体输送系统。

（2）中压通风机——$3000Pa>p>1000Pa$，一般用于除尘排风系统。

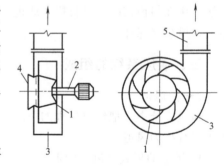

图 3-9　离心式通风机简图
1—叶轮　2—机轴　3—机壳
4—吸风口　5—排风口

（3）低压通风机——$p<1000Pa$，多用于通风及空气调节系统。

离心式通风机的主要性能参数有：

（1）风量（L）——是指风机在单位时间内输送的空气量，单位为 m^3/s 或 m^3/h。

（2）全压（或风压 p）——是指每 m^3 空气通过风机所获得的动压和静压之和，单位为 Pa。

（3）轴功率（N）——是指电动机施加在风机轴上的功率，单位为 kW。

（4）有效功率（N_x）——是指空气通过风机后实际获得的功率，单位为 kW。

（5）效率（η）——为风机的有效功率与轴功率的比值，$\eta=N_x/N×100\%$。

（6）转速（n）——风机叶轮每分钟的旋转数，单位为 r/min。

离心式通风机的全称包括有：名称、型号、机号、传动方式、旋转方向和出风口位置等内容，一般书写顺序为：

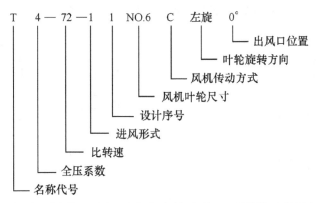

其中全压系数是衡量不同类型风机压头大小的参数。不同类型的风机，在风机叶轮直径及转数相同的条件下，全压系数越大则压头也越大。机号是用叶轮外径的分米数值表示，前面冠以符号NO，例如NO.6的风机叶轮外径等于6dm（600mm）。风机的传动方式有6种，如A型表示直联，即叶轮装在电动机轴上；E型为叶轮在两轴承中间，带轮悬臂传动。

2. 轴流式通风机　轴流式通风机是借助叶轮的推力作用促使气流流动的，气流的方向与机轴平行。图3-10所示为一轴流式通风机，叶轮安装在圆筒形外壳中，当叶轮由电动机带动旋转时，空气从吸风口进入，在风机中沿轴向流动经过叶轮的扩压器时压头增大，从出风口排出，通常电动机就安装在机壳内部。

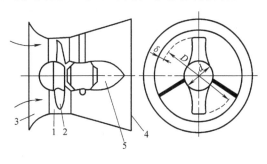

图3-10　轴流式通风机简图
1—机壳　2—叶轮　3—吸风口
4—扩压器　5—电动机

轴流式通风机产生的风压低于离心式通风机，以500Pa为界分为低压轴流式通风机和高压轴流式通风机，其全称可写成：

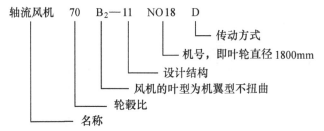

轴流式通风机的参数和离心式通风机相同。

轴流式通风机与离心式通风机相比，具有产生风压较小，单级式轴流式通风机的风压一般低于300Pa；风机自身体积小、占地少；可以在低压下输送大流量空气；噪声大；允许调节范围很小等特点。轴流式通风机一般多用于无需设置管道以及风道阻力较小的通风系统。

3. 通风机的安装　轴流式通风机通常是安装在风道中间或墙洞中。风机可以固定在墙上、柱上或混凝土楼板下的角钢支架上，如图3-11所示。小型直联传动离心式通风机可以采用图 3-12a 所示的安装方法；对于中、大型离心式通风机一般应安装在混凝土基础上，如图 3-12b 所示。此外，安装通风机时，应尽量使吸风口和出风口处的气流均匀一致，不要出现流速急剧变化的现象。对隔振有特殊要求的情况，应将风机装置在减振台座上。

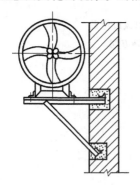

图 3-11　轴流式通风机在墙上安装

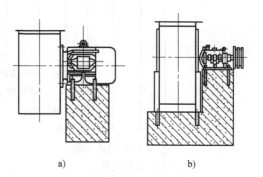

图 3-12　离心式通风机在混凝土基础上安装

a）小型直联传动离心风机安装

b）中、大型离心风机安装

（三）进、排、送风口

1. 室外进风装置　室外进风口是采集室外新鲜空气送入室内送风系统的装置，根据设置位置不同，分为窗口式和塔式，如图 3-13、图 3-14 所示。两种进风口的设计应符合下列要求：

1）进风口应设在空气新鲜、灰尘少、远离排风口的地方，离排风口水平距离不小于 10m。

2）进风口的高度应高出地面 2.5m，并应设在主导风向上风侧，设于屋顶上的进风口应高出屋面 1m 以上，以免被风雪堵塞。

3）进风口应设百叶格栅，防止雨、雪、树叶、纸片等杂质被吸入。在百叶格栅里还应设保温门作为冬季关闭进风口之用，适用于北方地区。

4）进风口的大小应根据系统风量及通过进风口的风速来确定。

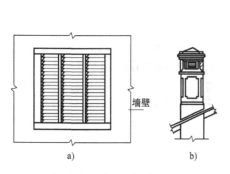

图 3-13　窗口式进风装置

a）进风装置设在墙壁上　b）进风装置设在屋顶上

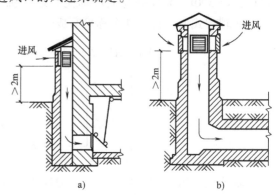

图 3-14　塔式室外进风装置

a）贴附墙体的进风塔　b）独立设置的进风塔

2. 室外排风装置　室外排风装置作用是将排风系统中收集到的污浊空气排到室外，经常设计成塔式安装于屋面，如图 3-15 所示。设计时应符合下列要求：

1）当进排风口都设于屋面时，其水平距离要大于 10m，并且进风口要低于排风口。

2）排风口设于屋面上时应高出屋面 1m 以上，且出口处应设排风帽或百叶窗。

3）自然通风系统须在竖排风道的出口处安装风帽以加强排风效果。

4）自然通风排风塔内风速可取 1.5m/s，机械通风排风塔内风速可取 1.5~8m/s。两者风速取值均不能小于 1.5m/s，以防止冷风渗入。

图 3-15 室外排风装置

3. 室内送风口 室内送风口是送风系统中风道的末端装置，其形式有多种，最简单的形式是在风道上开设孔口送风，根据孔口开设的位置，送风口有侧向送风口和下部送风口之分，其中图 3-16a 所示的送风口无任何调节装置，无法调节送风的流量和方向；图 3-16b 所示的送风口处设置了插板，可调节送风量，但仍不能改变气流的方向。常用的室内送风口还有百叶式送风口，如图 3-13a 所示，对于布置在墙内或者暗装的风道可采用这种送风口，将其安装在风道末端或墙壁上。百叶式送风口常由铝

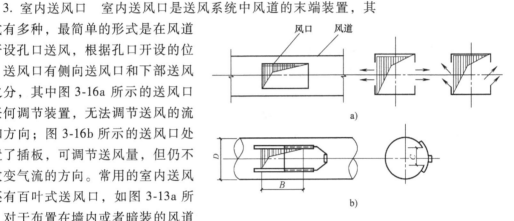

图 3-16 两种最简单的送风口

a）风管侧送风口 b）插板式送、吸风口

合金制成，有单、双层和活动式、固定式之分，双层式不但可以调节风向也可以控制送风速度。

在工业生产车间中往往需要大量的空气从较高的上部风道向工作区送风，而且为了避免工作地点有"吹风"的感觉，要求送风口附近的风速迅速降低。在这种情况下常用的室内送风口形式是空气分布器，如图3-17所示。

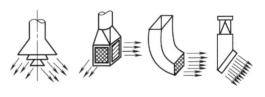

图 3-17 空气分布器

送风口的形式可根据具体情况参照采暖通风国家标准图集选用。

4. 室内排风口 民用建筑中，污染空气经室内排风口进入回风道或排出室外，室内排风口一般没有特殊要求，其形式种类也较少。通常多采用单层百叶式排风口，有时也采用水平排风道上开孔的孔口排风形式。在一些工业建筑中，排风系统常设置各种排风罩，把污染或含尘空气吸入风道内，主要有伞形罩、密闭罩、吹吸罩、条缝罩等。

（四）排风的净化、处理设备

排风系统的空气在排入大气以前，应根据实际情况采取净化、回收和综合利用措施，以防止大气污染。

有害气体的净化方法主要有四种：燃烧法、冷凝法、吸收法和吸附法。低浓度气体净化

主要采用吸收法和吸附法。它们是通风排气中有害气体净化的主要方法，常用的吸收设备有喷淋塔、填料塔、湍球塔、筛板塔等。吸附设备有固定床吸附装置、风轮吸附装置等。

净化工业生产过程中排出的含尘气体称为工业除尘，净化进风空气称为空气过滤。旋风除尘器、湿式除尘器常用于除尘。而网格过滤器、袋式过滤器等常用于空气过滤。

第二节　空调系统的分类与组成

空调系统一般由空气处理设备和空气输送管道及空气分配装置所组成。根据需要，有很多不同形式。

一、空调系统分类

（一）按空气处理设备布置情况分类

1. 集中式空调系统　集中式空调系统如图 3-18 所示，所有空气处理设备（包括风机、冷却器、加湿器等）均设在一个集中的空调机房内。这种空调系统处理空气量大，需要集中的冷源和热源，运行可靠，便于集中管理和维修；缺点是机房占地面积大，风管占据空间较多。此系统适用于商场、超市、写字楼、剧院等大型公共场所。

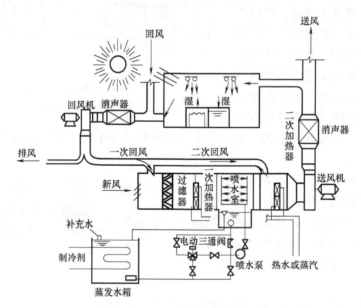

图 3-18　集中式空调系统

2. 半集中式空调系统　除了集中空调机房外，半集中式空调系统还设有分散在被调节房间的二次设备。风机盘管系统就属于半集中式空调系统。它可解决集中式空调系统风管尺寸大，占据空间多的缺点，同时可根据负荷变化调整风量。风机盘管实际上是由小型离心风机、带有金属肋片的换热盘管及控制风机风速的三速控制开关组成。详细工作原理见空调系统的组成。半集中式空调系统适用于宾馆客房、办公室等负荷变化较大的房间，如图 3-19、图 3-20 所示。

3. 全分散系统（局部机组）　该系统把冷热源和空气处理、输送设备集中在一起形成一个独立的空调系统。可根据需要，灵活而分散地设置在空调房间内，因此局部机组不需要集中机房，如图 3-21、图 3-22 所示。它的优点是可根据负荷变化随意进行风量调整，且不受其他房间影响。缺点是噪声大、运行费用高。家用空调器属于典型的全分散系统。

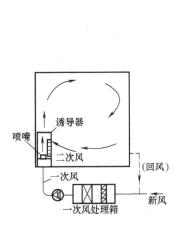

图 3-19　半集中式空调系统（诱导器系统）

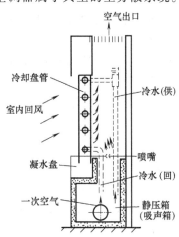

图 3-20　诱导器的结构

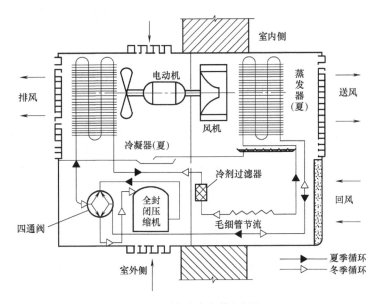

图 3-21　热泵式窗外空调机

（二）按负担室内负荷所用介质分类

1. 全空气系统　如图 3-23a 所示，经过该系统处理的空气负担空调房间的全部负荷，包括全部热负荷和湿负荷，送风吸收余热、余湿后排出房间。低速集中式空调系统属于此种类型。

2. 全水系统　该系统空调房间热湿负荷全靠水作为冷热介质来负担，如图 3-23b 所示。因为水的比热是空气的近千倍，所以相同条件下只需较少的水量，从而使管道所占空间减少许多。但是全水系统不能解决房间的通风换气问题，因而通常不单独采用。

3. 空气—水系统　带新风的风机盘管系统就属于这种形式。靠新风来改善室内空气品质，而利用盘管来消除热湿负荷。系统形式如图 3-23c 所示。

4. 制冷剂系统

空调房间的负荷由制冷剂负担，如图 3-23d 所示。

（三）按集中式空调系统处理的空气来源分类

1. **直流式系统** 这种系统新风全部取自室外，室外空气经处理后送入室内，吸收余热、余湿后排出室外，如图 3-24a 所示。这种系统用于不允许有回风的场合，如放射性试验室及散发大量有害气体的车间。

2. **回风式系统** 这种系统的特点是送风中除新风外，还利用一部分室内回风，回风往往占到总送风量的 60% ~ 70% 以上。回风式系统还可分为一次回风系统和二次回风系统。将回风全部引自空气处理设备之前与新风混合，称一次回风，如图 3-24b 所示。此种系统既能满足卫生要求，又能经济合理，故应用最广。二次回风

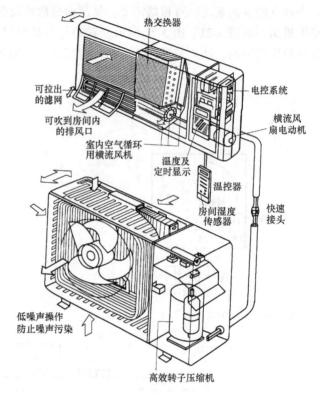

图 3-22 壁挂式空调机的结构

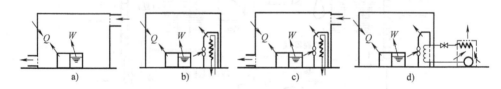

图 3-23 按负担室内负荷所用介质的种类对空调系统分类示意图
a) 全空气系统 b) 全水系统 c) 空气—水系统 d) 制冷剂系统
注：Q 为热负荷，W 为湿负荷。

系统将回风分为两个部分，一部分引至空气处理设备之前，一部分引至空气处理设备之后。

3. **封闭式系统** 它所处理的空气全部来自空调房间本身，没有新风补充，全部为再循环空气。因此房间和空气处理之间形成了一个封闭回路，如图 3-24c 所示。这种系统用于战时人防工程和很少有人进出的仓库。

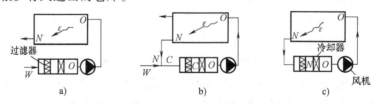

图 3-24 按处理空气来源不同对空调系统分类示意图
a) 直流式 b) 回风式 c) 封闭式
N—室内空气 W—室外空气 C—混合空气 O—冷却后空气状态

（四）按送风量是否发生变化分类

普通集中式空调系统的送风量是全年不变的，并且按最大热湿负荷确定送风量被称为定风量系统。但实际上房间热湿负荷不可能经常处于最大值，这样造成了能量的大量浪费或不能满足人体的舒适需要。如果采用减少送风量的方法来保持室温不变，则可大量减少风机能耗，这种空调系统被称为变风量系统（VAV系统）。这种系统的运行相当经济，对大型系统尤其显著。

二、空调系统组成

大型空调系统构成很复杂，如集中式空调系统（图3-18）和半集中式空调系统（图3-19），但归纳一下，基本由以下几个部分组成。

（一）制冷机房

制冷机房是整个空调系统的核心，主要由冷水机组、冷冻水泵、冷却水泵、软化水处理设备等组成。冷水机组用来向表冷器或风机盘管等末端设备送低温水。目前空调工程中以螺杆式冷水机组和溴化锂冷水机组为主。其工作原理详见本章第四节。冷冻水泵和冷却水泵为冷冻水和冷却水提供循环动力。立式离心泵节省占地面积，运转稳定，常作为冷冻水泵和冷却水泵首选。大型空调系统中，需向冷冻水和冷却水系统补水。对带有悬浮物或易产生水垢的水质进行软化处理，避免水垢沉积在蒸发器、冷凝器和管壁而影响传热效果。静电除垢器体积小、重量轻、安装方便，在一定程度上已成为钠离子交换软化水处理设备的替代产品。

（二）空调机房

新风和回风在空调机房内进行混合、过滤、冷却等处理。空调机房内装有组合式空调机组，它是集中设置各种空气处理设备的专用小室或箱体。可选用定型产品，也可自行设计。

大型的空调箱多数作成卧式的，小型的也有立式的。自行设计的空调箱的外壳可用钢板或非金属材料。后者一般是整个顶部与水室部分用钢筋混凝土，其余部分用砖砌。定型生产的空调箱外壳用钢板制作，故也称作金属空调箱。这种定型产品是由标准功能段与标准构件组装而成。标准功能段包括各空气处理段、送风机段、回风机段、空气混合段、消声段与供检修用的有检查门的中间段组成。设计者或使用者可根据设计要求选用必要的标准段与标准构件进行组合装配，灵活性大，施工非常方便。图3-25是一种金属空调箱的结构示意图。其中图3-25a是功能段比较齐全的一种搭配，图3-25b是使用喷水室（淋水段）的一种搭配方式。

空调箱的规格一般以每小时处理的风量来标定，处理风量为每小时一万至十几万 m^3。目前我国产品的最大处理风量为16万 m^3/h。空调箱的断面面积主要是由处理风量决定的，空调箱的长度主要是由所选取的功能段的多少和种类决定的。表3-1是一种金属空调的断面尺寸以及功能段长度与处理风量的关系。

表 3-1　JS型金属空调箱的外形尺寸

额定风量/（m^3/h）	20000	30000	40000	60000	80000	100000
断面尺寸（$W \times H$）/mm×mm	1828×1809	2078×2059	2328×2559	3078×2559	3078×3559	4078×3559
送风段长（风口在端部/风口在顶部）/mm	500/500	500/1000	500/1000	500/1000	500/1500	500/1500

（续）

中间段长/mm	500				
消声段长/mm	1000				
初效过滤段长 （自动卷绕式/袋式）/mm	1000/500				
中效过滤段长/mm	500				
表冷段长/mm	500				
加热段长/mm	500				
淋水段长/mm	1500				
挡水板段长/mm	500				
送风机段长 （S型安装/H型安装）/mm	2500/2000	2500/2000	2500/2000	3000/2500	3500/3000	3500/3000
回风机段长/mm	2000	2000	2000	2500	3000	3000
分风混合段长/mm	2000				
二次回风段长/mm	500	500	10000	10000	1000	1000
混合（回风）段长/mm	500	1000	1000	1000	1500	1500
拐弯消声段长/mm	1828	2078	2328	3078	3078	4078
干蒸汽加湿段长/mm	500				

注：送风机S型安装即水平送风型，H型安装即垂直向上送风型。

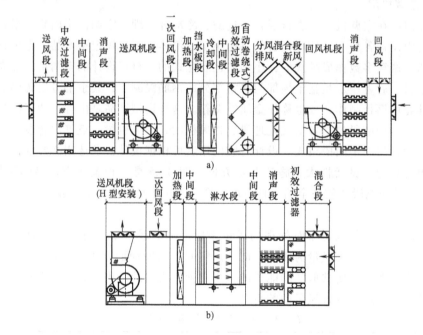

图 3-25　金属空调箱的结构示意图

（三）空调末端设备

空调末端设备指各种空调送风口和风机盘管及新风机组等。各种送风口如通风系统中的送风口。风机盘管有立式明装、卧式明装、立式暗装、卧式暗装、吸顶式等多种形式。当盘管内通入冷水和热水时，以风机作为动力把室内空气吸入，通过盘管和冷热媒进行热量交换，然后把处理过的空气送入空调房间。风机盘管系统在宾馆用得最多，它造价低，占用空间少，安装方便，可独立调节室温。

第三节　空调系统的空气处理

一、空气的加热处理

为了满足室内温度的需要，需要将空气进行加热处理以提高送风温度。空气加热一般通过空气加热器、电加热器来完成。

空气加热器结构如图 3-26 所示，它是由多根带有金属肋片的金属连接在两端的联箱内，热媒在管内流动并通过管道表面及肋片放热，空气通过肋片间隙与其进行热交换，达到空气被加热的目的。空气加热器可根据需加热的空气量组成空气加热器组，通过加热器的热媒可采用蒸汽或热水。空气加热器多用于集中式空调、半集中式空调系统，空气加热和二次加热。

电加热器可采用电阻丝安装在金属管内，通过电阻丝发热使金属管表面温度升高。金属管可制作成盘管形式，适用于加热处理空气量较小的系统，耗电量较大。

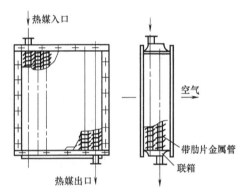

图 3-26　空气加热器结构

二、空气的冷却处理

夏季空气的冷却处理可采用表面式冷却器及喷水冷却方法。

（一）表面冷却器

表面冷却器又称表冷器，它的构造与加热器类似，是由铜管缠绕的金属翼片所组成的排管状或盘管状的冷却设备，管内通入冷冻水，空气从管表面侧通过，进行热交换之后被冷却，因为冷冻水的温度一般在 7~9℃ 左右，夏季有时管表面温度低于被处理空气的露点温度，这样就会在管子表面产生凝结水滴，使其完成一个空气降温除湿过程。

表面冷却器在空调系统中广泛使用，其结构简单、运行安全可靠、操作方便，但必须提供冷冻水源，不能对空气进行加湿处理。

（二）喷水室喷水降温

喷水室内有喷水管、喷嘴、挡水板及集水池，主要对通过喷水室的空气进行喷水，将具有一定温度的水通过水泵、喷水管再经喷嘴喷出水雾与空气接触，使空气达到冷却的目的。这种喷水降温的方法可由喷水的温度来决定是冷却去湿，还是冷却加湿。冷却加湿过程适用于纺织厂、化纤厂等，所以工艺性空调中较多使用这种空调方式，但耗水量较大。

三、空气的加湿与去湿

当空气中的含湿量降低时，对湿度有要求的建筑内需对空气进行加湿，对生产工艺需满足湿度要求的车间或房间也需采用加湿设备。加湿的方法有喷水室喷水加湿、喷蒸汽加湿及电加湿等。以下介绍常用的喷水室喷水加湿和喷蒸汽加湿方法。空气去湿常采用化学方法。

（一）喷水室喷水加湿

当水通过喷头喷出细水滴或水雾时，空气与水雾进行热湿交换，这种交换取决于喷水的温度。当喷水的平均温度高于被处理空气的露点温度时，喷嘴喷出的水会迅速蒸发，使空气达到在水温下的饱和状态，从而达到加湿的目的。而当空气需要进行去湿处理时，喷水水温要低于空气的露点温度，此时空气中的水蒸气部分冷凝为水，使空气得以去湿。所以调节控制水温，可以在喷水室中完成加湿或去湿的过程，水温通过调节装置来控制。喷水室在喷水过程中还可起到空气净化的作用。

喷水室可由混凝土预制或现浇而成，也可由钢板制作成定型产品。图 3-27 为喷水室结构图，喷水室的侧面、顶面需做隔热层，水池施工时需做防水层。喷水室要求密闭，不漏风、不渗水。为了使空气处理后不带水滴，应设挡水板。挡水板应垂直安装，以利于排水，并应插入水池内。挡水板一般采用镀锌钢板或塑料板压制成波纹状。前挡水板可组织气流均匀通过喷淋室的横断面，以及挡住飞溅的水滴。喷水池中的水，可根据水温调节装置与补充水混合重复使用。

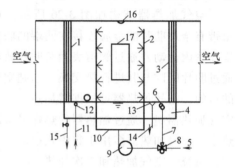

图 3-27　喷水室的构造图

1—前挡水板　2—喷水排管　3—后挡水板
4—底池　5—冷水管　6—滤水器　7—循环水管
8—三通调节阀　9—水泵　10—供水管
11—补水管　12—浮球阀　13、14—溢水器
15—排水管　16—防水照明灯　17—检查门

喷嘴一般由硬质塑料制作。喷水孔可根据设计成排布置，加湿效率也因其喷水室的喷水形式不同而异。喷水方向可分成以下几种形式：一排顺喷，平均加湿效率在 60% 左右；一排逆喷，平均加湿效率为 75% 左右；二排顺喷，平均加湿效率为 84% 左右；二排对喷，平均加湿效率为 90% 左右；二排逆喷，平均加湿效率为 95% 左右。在水池底部的出水口需装有滤水器，主要是过滤水中的泥沙，防止阻塞喷头的孔眼。

（二）蒸汽加湿器

蒸汽加湿器是将蒸汽直接喷射到风管的流动空气中，这种加湿方法简单而经济，对工业空调可采用这种方法加湿。因在加湿过程中会产生异味或凝结水滴，对风道有锈蚀作用，不适用于一般舒适性空调系统。

（三）空气去湿

空气去湿可采用化学方法，即采用吸湿剂吸收空气中的水分。常用的固体吸湿剂有硅胶和活性氧化铝，吸湿后的吸湿剂可用高温空气吹入，将吸湿剂内水分除掉，使其恢复吸湿能力。

四、空气的过滤处理

空气的过滤主要是将大气中有害的微粒（灰尘、烟尘等）和有害气体（烟雾、细菌、病毒等）通过过滤设备处理，降低或排除空气中的微粒。根据过滤器的能力、效率、微粒粒径及性质的不同，可分为粗效、中效、高效过滤器三种类型。

空调工程中根据采用空调方式及对空气洁净度的要求多采用粗效过滤、中效过滤；而洁净空调除采用粗中效的过滤，还在空气进入洁净室前将空气经高效过滤器过滤，以达到对空气的洁净等级标准的要求。

五、消声、减振和防火、排烟

（一）消声措施

当风机运转时，由于机械运动产生的振动及噪声，通过风道、墙体、楼板等部位传至空调房间而造成噪声污染，而风道内也会因高速气流而产生噪声。因此，除对风机或其他空调设备的噪声应进行消声减振处理外，风道内的噪声也可通过消声设备或风道内壁做消声板、消声弯头的方法降低噪声。常用的消声设备有以下几种。

（1）抗性消声器。抗性消声器是利用管道截面突变使部分声波反射回去，不再向前传播，达到消声的目的，如图3-28所示。

（2）阻性消声器。阻性消声器是在管道内贴附吸声材料，当声波通过时，声波进入吸声材料的孔隙内，小孔内空气振动消耗声波能量，声音被消除，如图3-29所示。

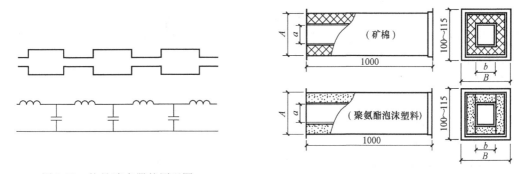

图3-28　抗性消声器的原理图　　　　图3-29　T701阻性管式消声器

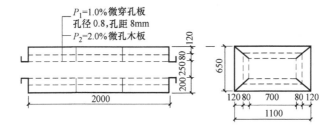

图3-30　双层微穿孔板消声器结构

（3）微穿孔板消声器。微穿孔板消声器是在管道内设置有微小圆孔的孔板，孔板常用1mm厚的金属板，穿孔直径大约1mm，穿孔率在1%~3%之间。当声波在管道内传播时，声波进入微穿孔板的圆孔内从而使小孔内的空气发生运动，由于空气的摩擦和黏滞作用，使一部分声能变成热能，从而对声能进行了消除，如图3-30所示。

（4）干涉消声器。干涉消声器是利用声波相互干涉来消除噪声的设备。干涉消声器目前有两种：一种是旁路干涉消声器，另一种是电子干涉消声器，如图3-31、图3-32所示。

旁路干涉消声器是在管道的侧面接出一根旁通管道组成的消声器。当声波在管内传播时，一部分声波分叉进入旁路管道，这样从旁路管道出来的声音和直通管道的声音的相位发生变化，两者的波峰和波谷相抵消，达到消声的目的。

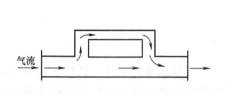

图 3-31 旁路干涉消声器

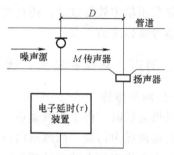

图 3-32 电子干涉消声器

电子干涉消声器的工作原理是利用电子设备吸收噪声源发出的噪声，而后经过处理发出一个大小相同，相位不同的声音，这样声源发出的噪声和电子设备发出的噪声，大小相同，但相位不同，两者波峰和波谷相抵消，达到消除噪声的目的。

空调系统中用什么样的消声器应经过计算确定，消声器安在什么位置也有具体的规定。图 3-33 为消声器的安装情况示意。图中除在机房外设置消声器外，在送风口处设有消声器。这样，机房的噪声由消声器I来消除。但空气在管道内流动的过程中，外界的噪声也会传入管道，为了不让这部分噪声进入空调房间，在空调房间的进口处设有消声器II。同时消声器II也避免房间 a 和房间 b 相互串音。

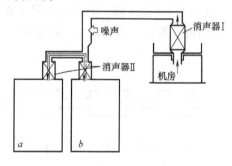

图 3-33 系统消声器的合理配置

（二）减振措施

为了降低空调系统运转设备，如风机、水泵产生的振动，应设置减振器进行减振。通常用柔性连接来代替设备与基础或设备与管道之间的刚性连接。如在设备和基础之间采用减振器，设备与管道之间采用帆布短管或橡胶软接头。

1. 弹簧减振器 图 3-34 所示为弹簧减振器的结构示意图。它是由金属弹簧、底盘、橡胶垫板和外罩组成。弹簧可有一只或数只。减振器配有地脚螺栓，可固定于支撑结构上。这种减振器的减振效果好，但加工复杂，造价较高。

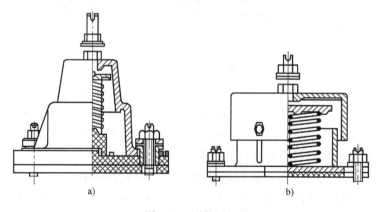

a)   b)

图 3-34 弹簧减振器

a）TJ—1—10 b）TJ—1—14

2. 橡胶减振器　图 3-35 为 JG 型橡胶减振器的构造图。它是由丁腈橡胶经硫化处理成圆锥体，粘结在内外金属环上，外部套有橡胶防护罩，减振器上设有孔口，以便用螺栓与设备基座相连。下部周边设有四个螺栓孔，用于减振器和基础相连。这种减振器对高频振动有很高的减振作用。但它易于受温度、油质、氟利昂和氨液的浸蚀，并且易于老化，需定期检查和更换。图 3-36 所示为风机减振器安装图。为减弱风机运转时产生的振动，可将风机固定于型钢支架上或钢筋混凝土上。前者风机本身振幅较大，机身不够稳定，后者可以克服这个缺点，但施工较为麻烦。

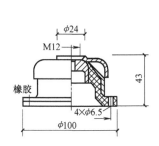

图 3-35　JG 型橡胶减振器

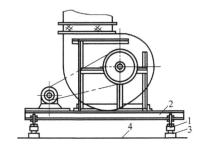
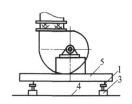

图 3-36　风机减振器安装

1—减振器　2—型钢支架　3—混凝土支架　4—支承结构　5—钢筋混凝土板

（三）防火、排烟

近几年来，建筑物的防火、排烟问题已引起了足够的重视。防火分区和防烟分区是和空调系统密切相关的两个概念。设置防火分区的目的就是防止火灾的扩大。工程实际中，可根据房间的性质和用途进行防火分区，分区间应设防火墙、防火门、防火卷帘等隔断。

防烟分区内不能防止火灾的扩大，它仅能有效地控制火灾产生的烟气流动。如在发生火灾危险的房间和用作疏散的通道设防烟隔断。每个防烟分区内设排烟口，可和排烟阀、排烟风机联锁自动排烟。详细规定可见消防设计及施工规范。

六、空调房间的气流组织形式

气流组织，是指在空调房间内为实现某种特定的气流流型，以保证空调效果和提高空调系统的经济性而采取的一些技术措施。气流组织设计的任务是合理地组织室内空气的流动，使工作区空气的温度、湿度、气流速度和洁净度能更好地满足工艺要求及人们舒适感的要求。按照送风口位置的相互关系和气流方向，气流组织形式一般可分为以下几种。

（一）上送风、下回风

这是最基本的气流组织形式。空调送风由位于房间上部的送风口送入室内，而回风口设在房间的下部。图 3-37a、b 为单侧和双侧的上侧送风、下侧回风。图 3-37c 为散流器上侧送风、下侧回风。图 3-37d 为孔板顶棚送风、下侧回风。上送风、下回风方式的送风在进入工作区前已经与室内空气充分混合，易于形成均匀的温度场和速度场，能够用较大的送风温差，从而降低送风量。

（二）上送风、上回风

图 3-38 是上送上回的几种常见布置方式。图 3-38a 为单侧上送上回形式，送回风管叠置在一起，明装在室内。气流由上部送下，经过工作区后回流向上进入回风管。如房间进深较大，可采用双侧外送或双侧内送式，如图 3-38b、c 所示。若房间净高足够，可设吊顶把风

图 3-37　上送风、下回风气流流型

管暗装，或采用送吸式散流器，这两种布置用于有一定美观要求的民用建筑。

图 3-38　上送风、上回风气流流型

（三）中送风

某些高大空间的空调房间，如采用上述的方式则要大量送风，耗冷（热）量也大，因此采用在房间高度的中部位置上，用侧送风口或喷口送风。图 3-39a 是中送风下回风方式，图 3-39b 加顶部排风。中送风方式是把房间下部作为空调区，上部为非空调区，这种方式有显著的节能效果。

（四）下送风

图 3-40a 为地面均匀送风、上部集中排风。此种方式送风直接进入工作区，它常用于空调精度不高，人员暂时停留的场所，如会场和影剧院等。图 3-40b 为送风口设在窗台下垂直上送风的方式，这样在工作区造成均匀的气流流动，又避免了送风口过于分散的缺点。

 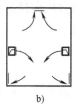

图 3-39　中送风气流流型

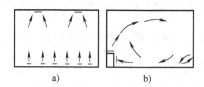

图 3-40　下送风气流流型

空调房间的气流组织有很多种，在实际使用时应综合灵活运用。此外，虽然回风口对气流组织影响较小，但对局部地区仍有一些影响，在对净化、温湿度及噪声无特殊要求的情况下，可利用中间走廊回风，以简化回风系统。

第四节　空调制冷的基本原理

空调系统要对空气进行冷却或加热处理，因而需要冷源和热源。

空调热源主要有独立锅炉房和集中供热的热网。对于独立锅炉房提供的热媒主要有热水、蒸汽或者同时供应热水和蒸汽。锅炉的燃料包括煤、油、气等。对于集中供热的热网提供的热媒可以是低温水（$t \leqslant 100℃$）或高温水（$t > 100℃$），对于空调用热源可参阅本书第二章第七节锅炉与锅炉房设备有关内容。

　　空调冷源有天然冷源和人工冷源两种。天然冷源主要是地道风和深井水。地道风利用地下洞穴、人防地道内冷空气送入使用场所达到通风降温的目的。深井水可作为舒适性空调冷源处理空气，但如果水量不足，则不能普遍采用。深井水及地道风的特点是节能、造价低，但由于受到各种条件的限制，不是任何地方都能应用。人工冷源主要是采用各种形式的制冷机制备低温冷水来处理空气或者直接处理空气。人工制冷的优点是不受条件的限制，可满足所需要的任何空气环境，因而被普遍采用。其缺点是初始投资较大，运行费较高。

一、人工制冷的方法

　　人工制冷常用吸收式制冷、蒸气喷射式制冷和压缩式制冷。空调系统中多采用压缩式制冷和溴化锂吸收式制冷。

（一）压缩式制冷的基本原理

　　压缩式制冷是空调系统最常用的制冷方法。压缩式制冷的四大部件有压缩机、蒸发器、冷凝器、节流阀，其制冷流程如图 3-41 所示。压缩机在工作时吸入蒸发器内低压制冷剂蒸气，经压缩后变为高温高压状态。高温制冷剂蒸气继续向前流动在冷凝器内放热，变成高压液态，放出的热量可传给冷却水或冷却用空气。高压液态制冷剂在通过节流阀时节流膨胀，压力降低，温度下降。低温低压的液态制冷剂在蒸发器吸热气化，重新变为气态，进入压缩机，如此往复循环。

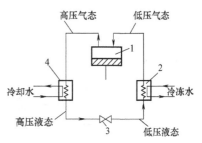

图 3-41　压缩式制冷系统工作原理
1—制冷压缩机　2—蒸发器
3—节流膨胀阀　4—冷凝器

制冷过程中，把空调系统循环水通入蒸发器便可得到所需冷冻水。但实际的制冷装置并不那么简单，还需其他一些辅助设备，如油分离器、空气分离器、贮液器、干燥过滤器等。

　　螺杆制冷压缩机结构简单、紧凑。不足之处是常采用的喷油式螺杆压缩机润滑油系统比较复杂，辅助设备较大。我国大型空调设备生产厂家如大连冰山、南京五洲等，生产的压缩式制冷机均以螺杆式为主。

（二）吸收式制冷基本原理

　　吸收式制冷和压缩式制冷的机理相同，都是利用液态制冷剂在一定低温低压状态下吸热汽化而制冷。但在吸收式制冷机中是利用二元溶液在不同压力和温度下能够吸收和释放制冷剂的原理来进行循环的。

　　吸收式制冷机的最大优点是可利用低温热源，在有废热或低位热源的场所应用更经济。它既可制冷可也供热，在需要同时供冷、供热的场合可一机两用，节省机房面积。

　　吸收式制冷机主要由发生器、冷凝器、膨胀阀、蒸发器、吸收器等设备组成，工作循环如图 3-42 所示。

　　在整个吸收过程，图中虚线内的吸收器、溶液泵、发生器和调压阀的作用相当于压缩式制冷机中的压缩机，把制冷循环中的低温低压制冷剂"压缩"为高温高压制冷剂，使制冷剂蒸气完成从低温

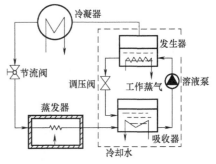

图 3-42　溴化锂吸收式制冷的基本原理

低压状态到高温高压状态的转变。

常用的溴化锂吸收式制冷机有单效、双效、直燃三种。三者的区别在于发生器的数量和加热的热源不同。单效溴化锂吸收式制冷机的发生器只有一个，而双效则有高压和低压两个发生器。直燃机的发生器加热不是用高压蒸气而是用燃气直接加热燃烧。

（三）冰蓄冷基本原理

城市供电网存在用电高峰和低谷的问题，为鼓励用户晚间高峰期后用电，很多国家提出了峰谷电差价的政策，夜间高峰期后电费仅为平均电价的1/4～1/3。空调系统耗电量大，可采用蓄冰设备在夜间工作蓄冷，白天在消耗很少电能的情况下释放冷量。

蓄冰方式多达20多种，总结起来有盘管式（分管内结冰和管外结冰两种）、冰球式、冰晶式等。按制冷剂是否进入系统，可分为直接式和间接式两大类。一般工程的容量很大，实际使用中多为间接方式，冰盘管可与制冷机组合设计成机组形式。一个完整的蓄冰系统（图3-43）包括制冰循环和融冰循环，在融冰系统设计时，须综合考虑结冰效率和融冰效率，以提高冷量的利用率。从节能的角度来看，这种系统有广阔的应用前景。

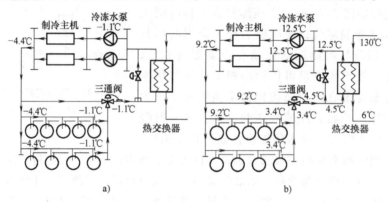

图3-43　冰蓄冷系统的工作原理

a）制冰循环　b）融冰循环

二、空调制冷的管道系统

空调水系统主要由冷冻水系统和冷却水系统组成。在空调水系统中，水的热量被冷水机组蒸发器内制冷剂吸收而成为冷冻水。冷冻水把冷量传给所需冷却的空气，完成空调的任务。但冷水机组工作过程中，还需冷却水把冷凝器产生的热量带走，即要有单独的冷却水系统。

图3-44为整个制冷管道系统的流程图。L_1代表冷冻水供水管；L_2代表冷冻水回水管；S_1代表冷却水供水管；S_2代表冷却水回水管。

（一）冷冻水循环系统

1. 冷冻水泵　冷冻水在空调系统末端吸热后，温度升高，冷冻水泵将其重新送入冷水机组放热，完成循环过程。冷冻水泵常根据循环水量选择多台水泵并联，且布置成一机对一泵的形式，即一台机组对应一台水泵。水泵宜设减振装置，水泵进出口设金属或橡胶软接头以减少振动。

2. 集水器、分水器　很多情况下，空调冷冻水需给多个支路分配，为方便冷冻水量再分配和调节各路流量，需设置集水器和分水器。可在集水器和分水器上设置压力表和温度计，观察供回水压力和温度变化。

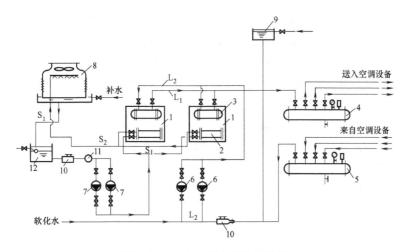

图 3-44　中央空调水系统示意图

1—冷水机组　2—冷水机组冷凝器　3—冷水机组蒸发器　4—分水器　5—集水器　6—冷冻水循环泵

7—循环水泵　8—冷却塔　9—膨胀水箱　10—除污器　11—水处理设备　12—冷却水循环水箱

3. 膨胀水箱　如果空调系统仅为夏季供冷，那么从补水的角度看采用膨胀水箱或补水泵均可，因其水温变化小，膨胀水量亦不大。而如果冬季亦靠此系统供热，应以膨胀水箱为宜。膨胀水箱不但能补充缺少的水，且能容纳因水温升高而膨胀的水量。补水泵却无此功能。

4. 水过滤器　一般来说，空调冷冻水系统较为干净，但为避免施工中管道内残留物进入机组和水泵，应在冷冻水泵入口设过滤器或除污器。

（二）冷却水循环系统

冷却水循环系统主要由冷却塔、冷却水泵、水处理设备及管道组成。

1. 冷却塔　图 3-45 为机械通风的冷却塔构造。从冷水机组冷凝器送出的冷却水，经冷却水泵送至冷却塔底部进水口，进入布水器，将水喷洒下来。流经塔内设置的填料层，以增

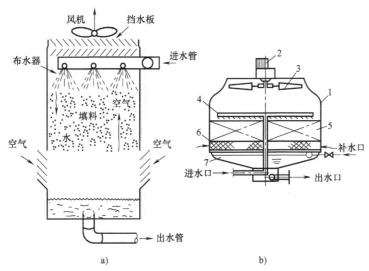

图 3-45　冷却塔

a）工作原理　b）外形结构

1—塔壳　2—电动机　3—风扇　4—布水器　5—填料层　6—过滤层　7—水槽

加水与空气的接触面积。塔顶的风扇可加速水的蒸发，以加强冷却效果。冷却后的水进入冷却塔底部的水槽。通过连接管道及循环水泵抽回冷水机组冷凝器，完成循环。水冷式冷凝器，冷却水进出口温差在 3~5℃，螺杆式冷水机组所配冷却塔，设计进水温度 32℃，出水温度 28℃。而溴化锂冷水机组进水口温度 37℃，出水口温度 32℃。冷却塔一般有圆形和矩形两种。冷却塔在屋顶安装时，应事先留有基础，进出口管道设专门支墩或支架。冷却塔如在塔上直接补水，应考虑冬季防冻措施。

2. 冷却水循环水泵　冷却水循环水泵提供冷却水在系统内循环所需动力。如果冷却水系统除在顶部设塔外，底部还设有冷却水箱或水池，此种系统冷却水出口水击现象严重，其出口逆止阀应采用微启微闭止回阀。

第五节　通风与空调系统施工

一、空调机房的布置

空调机组安装必须保证地面平整，而且空调机组的基础应高出地面 100~150mm。对于大型的空调机组应做防振基础，一般采用在机组下垫 10mm 厚的橡胶板。空调机组上面接完管道后的净高应不小于 0.5m，机组的侧面净间距不小于 1m，以备维修和更换部件时有操作空间。空调机组的出风口上应接帆布软连接，以减小机组传到后部系统内的噪声和振动。空调机房内的管道应符合工艺流程，而且要短而直，尽量和建筑配合，保证美观实用。空调机房内的热水和冷水管及风管，应进行保温处理，减小冷热损失，同时冷水管表面也不会结露。空调机房设在地下室时，应设机械排风。空调机房内还应设给水和排水设施，以备清洗之用。

二、空调管道及布置

空调系统的风道（包括送风管、回风管、新风管及排风管等）为了便于和建筑配合，并节省空间，风管的形状一般选取矩形的较多。钢制风管最大边长小于或等于 200mm 时，壁厚取 0.5mm；最大边长在 250~500mm 之间时，壁厚取 0.75mm；最大边长在 630~1000mm 之间时，壁厚取 1.0mm；最大边长大于或等于 1250mm 时，壁厚取 1.2mm。

空调管道的材质常用的有玻璃钢管道、镀锌薄钢板管道，有时也用砖管道和混凝土管道。玻璃钢管的优点是防腐、防火，安装方便，但造价比镀锌薄钢板管道要高一些。砖和混凝土管道占用建筑空间较大，但振动和噪声小。

风管布置时应尽量缩短管线，减小分支管线，避免复杂的局部构件。根据建造面积和室内设计参数的要求，合理布置风口的个数和形式。风管的弯头应尽量采用较大的弯曲半径，通常取曲率半径 R 为风管宽度的 1.5~2.0 倍。对于较大的弯头在管内应设置导流叶片。三通的夹角不小于 30°，风管渐扩管的扩张角度应小于 20°，渐缩管的角度应小于 45°。每个风口上应装调节阀。为防止火灾，在各房间的分支管上应装防火阀或防火调节阀。风管和各构件的连接应采用法兰连接，法兰之间用 3~4mm 厚的橡胶做垫片。风机的出风口与管道之间要用帆布连接，这样可减小振动和噪声。风机出口要有不小于管道直径 5 倍的直管段，以减小涡流和阻力。

三、空调系统与建筑的配合

(一) 管道与建筑的配合

空调管道布置应尽可能和建筑协调一致,保证实用美观。管道走向及管道交叉处,要考虑房屋的高度,对于大型建筑,井字梁用得比较多,而且有时井字梁的高度达 700~800mm,给管道的布置带来很大的不便。同理当管道在走廊布置时,走廊的高度和宽度都限制管道的布置和安装,设计和施工时都要加以考虑。特别是当使用吊顶作回风静压箱时,各房间的吊顶不能互相串通,否则各房间的回风量得不到保证,很难使设计参数达到要求。

管道冲突问题在空调工程中也很重要,冷热水管、空调通风管道、给水排水管道在设计时各专业之间应配合好。而且管道与装修、结构之间的矛盾也应处理好。通常是先安装的管道施工很方便,后面的管道施工时就很困难。为解决这个矛盾,设计和施工时应遵循“小管道让大管道,有压管道让无压管道”的原则。

(二) 空调设备与建筑的配合

空调机在空调机房内布置有以下几个要求:

(1) 中央机房应尽量靠近冷负荷的中心布置。高层建筑有地下室时宜设在地下室。

(2) 中央机房应采用二级耐火材料或阻燃材料建造,并有良好的隔声性能。

(3) 空调用制冷机多采用氟利昂压缩式冷水机组,机房净高不应低于 3.6m。若采用溴化锂吸收式制冷机,设备顶部距屋顶或楼板的距离不小于 1.2m。

(4) 中央机房内压缩机间宜与水泵间、控制室隔开,并根据具体情况,设置维修间及厕所等。尽量设置电话,并应考虑事故照明。

(5) 机组应做防振基础,机组出水方向应符合工艺的要求。

(6) 对于溴化锂机组还要考虑排烟的方向及预留孔洞。

(7) 对于大型的空调机房还应做隔声处理,包括门、顶棚部位等。

(8) 空调机房应设控制室和休息间,控制室和机房之间应用玻璃隔断。

四、空调系统冲洗试运转及调整

(一) 空调系统的检查

对已安装完毕的空气输送管道系统,空调水管道系统中的设备、管道、阀门等均应做全面认真的检查。检查的内容包括:

(1) 对空调设备的管道接头、阀门的位置,膨胀水箱的清理,自控系统的各种调节器的安装及电气线路,机械设备中润滑油的注入、盘根垫料更换、传动带松紧程度以及各种安全防护罩是否固定安装好,并作单机试运转等。

(2) 检查通风管道上的阀门的灵活性及密闭性;检查连联装置动作的准确性。

(二) 空调系统的吹扫及冲洗

1. 空调送风系统　普通空调系统,风管在安装时应逐节检查管内有无遗留物或污物,而对洁净空调风道应保证清洁无灰尘。

2. 空调冷却水、冷冻水、冷凝水系统　对较大、较复杂的空调水管道应进行冲洗,在冷冻水、冷却水系统构成的循环中包括了冷水机组等设备,这些空调设备或机组是不允许有污物泥沙进入的,因此施工中应严格保证管内的清洁度。冲洗时应做临时管道,暂时封堵进出设备的管口，接出临时循环管及排放管，在机外进行循环冲洗。管道系统冲洗原则是由高位管向低位管，尽可能加大冲洗流速并连续冲洗，直至出清水方可结束冲洗程序。冷凝水系统应做灌水试验，要求通水流畅，凝水盘及管道不积水，管口不渗漏。

3. 空调系统试运转　对全年使用空调的建筑，在试运转中不可能同时完成冷、热参数的调试，因此施工单位应根据竣工的季节进行分别试运转。夏季空调试运转程序如下：

（1）首先向冷冻水、冷却水系统进行充水。充水的方法是由系统的底部回水管内进水，至系统的最高点，随注水随排除空气，膨胀水箱内水位在最高位控制线以下即可。起动冷冻水循环泵及冷却水循环泵，如设计为每台冷水机组对应一台冷冻泵时，应一机一泵的逐组起动，系统循环运行时应检查水泵及管路是否异常、缺水或渗漏。

（2）起动冷却塔风机运转。开起的数量可根据冷却水泵的循环水量而定，冷却塔运转时检查水量情况、水槽出水情况及有无渗漏。通过运转检查水泵、风机的电动机温升、振动、转速及水泵盘根滴水情况，并测试设备的噪声是否符合环境噪声的要求。循环水泵起动时，应关闭出水口阀门，当水泵起动后再逐渐打开泵出口阀门，确认水路循环系统正常运行后方可进行冷水机组的运转。

（3）冷水机组的运转。在起动冷水机组前，如由供应厂家负责调试时，应由厂家技术人员负责检查冷水机组运转前的各项准备工作是否做好，其管路系统、油路系统、动力仪表及计算机控制系统是否已达到运转条件，并检查机组上高压、低压部分所有的阀门关闭及开起状态是否正确，当确认后方可开启运转，并观察测试每台机组制冷状况是否符合设计要求，当系统停止运转时，应先停运冷水机组后方可停运循环水泵。

（4）空调系统的测试是保证空调系统正常运转的重要手段，当采用全风系统时，应对各分支风道的风量进行调整，对风机盘管系统的新风量及送入各房间的支管均应进行测试及调整。

调整时可通过设在分支风道的多叶调节阀、三通调节阀及蝶阀调整各支风道的流量分配。

对出风口的风速应进行测试，观测是否在允许流速范围内。对冷水机组的计算机控制部分，通过自控系统随时根据室外温度的变化来调整开机的数量及每台机组开起压缩机的数量。

五、通风工程的施工

通风工程的施工主要介绍风道支架、风道的防腐与保温、通风工程系统的施工顺序、与土建工程的施工配合及通风工程常用的施工及验收规范等内容。

（一）风道支架

风道支架多采用沿墙、沿柱敷设的托架及吊架，其支架形式如图 3-46 所示。

圆形风道多采用扁钢管卡吊架安装，对直径较大的圆形风道可采用扁钢管卡两侧做双吊杆，以保证其稳固性。吊杆采用圆钢，其规格应根据有关施工图集规定选择。矩形风道多采用双吊杆吊架及墙、柱上安装型钢支架，矩形风道可置放于角钢托架上。吊架可穿楼板固定、膨胀螺栓固定、预埋件焊接固定。

矩形风道采用的圆钢吊杆，角钢横担均应按有关图集选定，集中加工不得任意改变圆钢的规格。

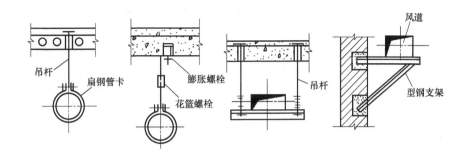

图 3-46　风道支架形式

风道支架需承受风道及保温层的重量，也需承受输送气体的动荷载，因此在施工中应按有关图集要求的支架间距安装，不得与土建或其他专业管道支架共用。施工时应保证管中心位置、支架间距，支架应牢固平整。支架安装前应刷两遍防锈漆。

（二）风道的防腐及保温

当风道内输送带有腐蚀性气体时，除管道材质应具有防腐性能外，还可在内壁做防腐涂层或喷涂防腐防磨损的保护层；当风道内输送高温、高湿的气体时，最好管内壁作防锈蚀处理。防锈处理可刷防锈漆及磷化底漆，在管道不需保温，且空气湿度较大的车间，管道外壁也需做防腐蚀处理。

风道在输送空气过程中，如果要求管道内空气温度维持恒定，或是避免低温风道穿越房间时外表面结露，或是为了防止风道对某空间的空气参数产生影响等情况，均应考虑风道的保温处理问题。保温材料主要有岩棉、玻璃棉、珍珠岩、聚氨酯、聚苯乙烯、聚乙烯以及发泡橡胶等。保温层厚度应根据保温要求进行计算。保温层结构可参阅有关国家标准图。

（三）通风管道系统施工程序

（1）风管安装应待风机、除尘设备等安装完毕再进行。

（2）因风管为大体积管道，经常由于土建或设备安装的变更及施工中的误差，而使通风管道无法按施工图施工，因此在风道制作前宜按施工图中每个系统的风管走向布局在现场进行实测，然后绘制草图，以此作为预制厂或现场加工的依据，并按系统把每段风管、管件编号顺序排列。预制完毕应进行自检，法兰与风管固定时要保证垂直度，可采用角尺进行测量。

（3）风管堆放时，需按系统编号分开堆放，并保证堆放稳固，防止因过高堆放而倾倒，摔坏风管。风管出现表面凹凸或严重损坏应更换。

（4）风管支架安装时，需在顶棚、墙面、柱体处弹出风道及标高中心线，以保证风道位置的准确。风道支架间距一般当周长小于 1000mm 时，支架间距为 4m，周长大于 1000mm 时，间距为 3m，圆形风道当直径小于或等于 350mm 时，间距为 4m，直径大于 350mm，间距为 3m。在三通、弯头、阀门等处应视其情况加设支架。

（5）风道架空安装时，可沿风管走向搭设脚手架，也可采用移动式脚手架。根据风管的位置可搭设单排或双排脚手架。跳板的数量应满足安装要求，跳板应固定。当高度超过 3m 时，需系安全带操作。脚手架搭设位置要错开风管所占的位置，利于吊装及操作。

（6）风道安装

1）组装。当系统较小时，可采用一次组装而成，系统较大可分成二或三部分组装。组装可在地面进行，组装时应注意风道的平直度，防止扭曲或起波。法兰加垫料后应均匀拧紧螺栓。

2）风道就位。可采用人工或吊具就位。对断面小的风道、位置低的风管可采用人工就位。系统较长、位置高的风道可采用倒链等吊具就位。风道就位时应注意人身安全、绳索结实、吊点牢固，脚手架上面的操作人员应防止风管或其他工具等物掉落，就位时要注意避免碰撞风道，并进行调直等程序，风道应平衡地放在支架上，吊杆不宜扭转。

3）风道保温宜在吊装前完成，安装时避免破坏保温面层，如风道在就位后再做保温，应注意与墙的距离满足不小于 150mm 的操作面。

（7）风管安装时，需准确地安装三通、阀门、送回风口等甩口位置，如现场施工中在管上现开风口，应注意操作要点，接口应严密。

（8）风道与风机连接时，为缓冲风机的振动应在进出口处加软管接头，连接风管前宜做单机试运转，检查有无故障。

（9）系统试运转时，需检查风道的漏风率、各支风道的流量、出风口风速、排风罩的抽吸风速、总风量等是否符合设计要求。一般通风系统漏风率不应超过 10%。除尘系统带负荷运行后，应取样检查经除尘设备处理后的含尘浓度是否符合规定，排烟系统运行后需测试含尘浓度，通过试运行可进行各送排风支路的风量调整。

（四）通风工程与土建工程配合施工注意事项

通风工程施工与土建工程施工有着密切的关系，土建施工中需了解通风的设备名称、位置、基础做法、风管的走向、出屋面风道的做法、风帽的类型及安装方法等内容，才能做好土建施工与通风或其他专业工种的交叉配合的时间、工序及作业流水段，以缩短施工工期及合理地安排工序，提高工程质量，减少返工率。通风工程施工要求土建配合项目有：

（1）结构工程施工时，通风风管穿墙体应预留孔洞，墙体中包括框架结构的剪力墙或隔墙，孔洞的尺寸、标高、位置需与专业人员核对图纸确认无误时方可施工，避免大量大面积的剔凿而破坏墙体结构。如漏留孔洞需砸洞时，需与土建施工人员商定砸洞的方法及补救措施，严禁自行剔砸割筋的施工方法。风道穿楼板时，如为现浇楼板，在支模板时应预留孔洞，如为预制楼板应做补强措施。

（2）沿混凝土墙或沿柱子敷设的风道，其支架安装需预埋钢构件时，其预埋件的位置、标高要准确，构件的钢板面积应足够大，避免施工误差而无法安装，预埋件应与钢筋固定以防止浇筑时预埋件移位。

（3）风管出屋面施工时，可先做出一段砖制底座然后再连接排风风帽。砖制底座的四壁需抹灰，防水层应包卷砖底座，高度不宜小于 300mm，风道的尺寸应与风帽相符合，砖底座上可预埋钢板或螺栓，便于与风帽固定。

（4）设备基础施工时，应与专业图纸复核平面位置、标高、几何尺寸等，基础高度不宜出现正误差。地脚螺栓留洞位置、洞口几何尺寸及深度应准确，安装地脚螺栓时，要保护好顶部的螺纹部分，如设备基础复杂且螺栓孔数量多，应预制螺栓间距样板以保证设备顺利就位。

（5）通风管道设置在吊顶内时，应首先安装体积大的风管，然后再施工其他专业的管道，土建吊顶龙骨施工时，不准附着在风道的吊杆支架上。

（6）体积大的设备如不能在结构施工中就位，需留出吊装孔位置及运输通道，待设备就位后再补砌。

（7）土建施工墙面、柱面、顶棚抹灰及面层时，应对已施工完毕的明装风道进行遮挡保护，设备用塑料布罩住防止进入砂浆或喷涂物。对已施工完毕的墙面，安装风道时应注意不要碰坏及污染，对暂未安装的风口等处需采取暂堵措施。

（8）当通风管道穿越土建划分的防火区时，应设置防火阀。

六、通风与空调施工图

（一）通风与空调施工图的组成

1. 文字说明部分

（1）图纸目录。大型工程涉及专业很多，图纸数量庞大。通过查阅图纸目录可确定通风空调专业图纸数量及专业交叉部分确切图号。图纸目录需列出工程设计图纸名称、图号、工程号、图纸大小、备注等。

（2）设计施工说明，通风空调工程设计施工说明内容有：

1）建筑物概况，介绍建筑物功能、面积、高度及对空调要求。

2）设计计算参数，如室外设计计算温度、湿度、风速和室内设计计算温度、湿度、新风量标准等。

3）空调通风系统施工说明，包括空调通风系统形式和特点、风管及水管所用材料和连接方式、保温方法、系统试压及应遵守的设计施工规范。

（3）设备材料表。应列出本工程主要设备及材料的型号、规格、数量。

2. 图纸部分

（1）平面图，包括建筑物各层通风空调系统平面图、空调机房平面图、制冷机房平面图等。

1）空调通风系统平面图。空调通风系统平面图上要反映出通风空调末端设备，系统风道、冷热水管道、凝结水管道的平面布置。

2）空调机房平面图。其内容有冷水机组、冷冻水泵、冷却水泵及附属设备的大小和定位尺寸、系统连接管道走向等。

（2）剖面图，往往和平面图配合使用。剖面图可确定设备的高度及连接管道的标高。

（3）系统图，比较复杂时，可对风系统和水系统单出系统图。因其采用三维坐标，所以反映内容更形象、直观。

（4）原理图，包括系统原理和流程，控制系统相互间关系等。

（5）详图，凡是上述图纸和文字说明仍没有反映出来的内容，需单出详图。

（二）通风空调工程施工图的识读

1. 识图方法

（1）阅读图纸目录，了解图纸数量、图幅大小、图纸名称和其他相关专业等信息。

（2）阅读施工说明，根据施工说明可知道本工种特点及施工中应注意的问题等。施工说明也是做施工预算和进度计划依据之一。

（3）阅读图纸内容，在掌握重点前提下，对图纸做全面反复阅读，了解其相互关系。特殊复杂部分可平、立、剖面图相对照来识读。

2. 识图举例

本例所用施工图为冷热水制备系统流程图（图 3-47）；冷冻水流程图（图 3-48）；地下室通风空调平面图 1：100（图 3-49）；首层空调平面图 1：100（图 3-50）；二层空调平面图 1：100（图 3-51）；三～十二层空调水管平面及冷却塔基础 1：100（图 3-52）；三～十二层空调风管平面图 1：100（图 3-53）；图 3-47～图 3-53 详见书后插页。

小　　结

本章包括通风工程和空调工程两部分。

通风系统按通风工作原理分为自然通风和机械通风两类。自然通风主要依靠风压和热压作用实现室内外空气的交换；机械通风依靠通风机提供动力，促使空气流动，进行室内外空气交换。通风系统按照应用范围不同，又分为局部通风和全面通风。局部通风又分局布送风和局部排风，局部排风系统主要是为了减少生产过程中产生的有毒、有害气体对室内空气环境的污染，在有害物散发地点设局部排风罩，把有害物和空气一起吸入罩内，经风管和风帽及排风处理装置排至室外；局部送风主要用于车间面积较大，改善整个车间的空气环境有困难时，把经冷却、减湿等处理的空气由送风系统直接送至工人的活动区域，改善工人劳动条件，提高劳动生产率。全面通风也分全面排风、全面送风和全面送排风，分别用于不同场所。本章主要介绍通风系统的组成、工作原理及通风设备的选择与布置要求，包括风道的形式、风道材料、风道的布置要求；通风机的种类、主要参数及安装要求；送、排风口的常见形式、设置要求；排风净化处理方法、主要设备等，以及通风系统施工工艺方法，与土建工程配合的注意事项及通风工程施工验收规范。

空调系统是由空气处理设备、空气输送管道及空气分配装置组成。空调系统按空气处理设备布置情况不同分为集中式空调系统、半集中式空调系统和全分散系统；按负担室内负荷所用介质不同分为全空气系统、全水系统和空气、水系统；按空调系统处理的空气来源不同分为直流式、回风式和封闭式系统；按送风量是否发生变化分为定风量系统和变风量系统。本章主要介绍空调系统组成及工作原理。

空调系统由制冷机房、空调机房、空调末端设备及风管组成。空调设备主要有空气加热器、表冷器、喷水室、蒸汽加湿器、空气过滤器、消声器、减振装置、防火阀等，本章主要介绍空调设备的种类、工作原理、布置安装要求。

空调房间的气流组织按送风口位置的相互关系和气流方向分为上送风下回风、上送风上回风、中送风、下送风等形式。本章主要介绍各种气流组织形式的特点及使用场所。

空调系统对空气冷却或加热处理需要冷源和热源。热源相关知识第二章已作介绍，本章主要介绍空调冷源组成、工作原理、主要设备的布置及安装要求。

空调系统施工图由平面图、原理图、详图、设备材料表、设计说明等部分组成。本章主要介绍各部分施工图的绘制内容，识读施工图的方法及通用图例的表示方法。

复习思考题

1. 简述通风系统的分类、各种类型通风系统的特点和组成。

2. 简述通风与空调的区别。

3. 空调系统由哪几部分组成？根据不同的分类方法分为哪几类？各种空调系统的特点和适用场合是什么？

4. 什么是空调房间的气流组织？空调系统常见的气流组织形式有哪几种？

5. 压缩式制冷、溴化锂吸收式制冷、冰蓄冷的基本原理各是什么？

6. 画图并说明空调工程水系统的工作流程。

7. 阻性和抗性消声器的消声原理和主要特点各是什么？

8. 通风与空调工程施工图的图纸内容有哪些？

9. 空调系统调试运行时应注意什么问题？

第四章

燃 气 供 应

学习目标：通过本章学习，了解燃气供应系统常见燃气的种类，燃气供应系统的分类、布置方法及要求；掌握室内燃气供应系统的组成，燃气管道的管材及附属设备的选用和布置要求。

第一节　燃气供应概述

一、燃气的分类及其性质

工业生产和日常生活中所使用的燃料按其形态可分为固体燃料、液体燃料和气体燃料。各种气体燃料通称为燃气，燃气是由可燃成分和不可燃成分组成的混合气体。

燃气的可燃成分有 H_2、CO、H_2S、CH_4 和各种 C_mH_n 等，不可燃成分有 N_2、CO_2、H_2O、O_2 等。燃气热值高，卫生条件好，有利于环境保护。各种燃气的组分及低发热值见表 4-1。

表 4-1　燃气的组分及低发热值

燃气类别		组分（体积分数，%）									低发热值
		CH_4	C_3H_8	C_4H_{10}	C_mH_n	CO	H_2	CO_2	O_2	N_2	$/(kJ/Nm^3)$
天然气	纯天然气	98	0.3	0.3	0.4					1.0	36220
	石油伴生气	81.7	6.2	4.86	4.94			0.3	0.2	1.8	45470
	凝析气田气	74.3	6.75	1.87	14.91			1.62		0.55	48360
	矿井气	52.4						4.6	7.0	36.0	18840
人工燃气	焦炉煤气	27			2	6	56	3	1	5	18250
	连续式直立炭化炉煤气	18			1.7	17	56	5	0.3	2	16160
	立箱炉煤气	25				9.5	55	6	0.5	4	16120
	压力气化煤气	18			0.7	18	56	3	0.3	4	15410
	水煤气	1.2				34.4	52.0	8.2	0.2	4.0	10380
	发生炉煤气	1.8		0.4		30.4	8.4	2.4	0.2	56.4	5900
	高炉煤气	0.3				28.0	2.7	10.5		58.5	3940
	重油蓄热热裂解气	28.5			32.17	2.68	31.51	2.13	0.62	2.39	42160
	重油蓄热催化裂解气	16.6			5	17.2	46.5	7.0	1.0	6.7	17540
液化石油气（概略值）			50	50							108440
沼气（生物气）		60				少量	少量	35		少量	21770

燃气的种类很多，按其来源不同可分为天然气、人工燃气、液化石油气和沼气。

（一）天然气

天然气是通过钻井从地层中开采出来的，天然气可分为四种：纯天然气、石油伴生气、凝析气田气、矿井气。

（1）纯天然气是从气井开采出来的燃气。

（2）石油伴生气是伴随石油一起开采出来的石油气。

（3）凝析气田气是指含石油轻质馏分的燃气。

（4）矿井气是从井下煤层中抽出的燃气。

（二）人工燃气

根据制取方法的不同，可分为干馏煤气、气化煤气、油制气、高炉煤气等。

1. 干馏煤气 对固体燃料（煤或木柴）在干馏炉（焦炉）中进行干馏时所获得的煤气称为干馏煤气。干馏煤气的生产历史最长，是我国目前城市煤气的重要气源之一。

2. 气化煤气 它是以煤或焦炭作为原料，固体燃料在煤气发生炉中进行气化所获得的煤气。根据鼓入发生炉气化剂的不同，气化煤气可分为空气煤气、水煤气、混合发生炉煤气、高压气化煤气等。

高压气化煤气可作为城市煤气的气源，其他发生炉煤气热值低、毒性大，不能单独作为城市煤气的气源，可以和干馏煤气、油制气掺混作为城市煤气的调度气源。其他发生炉煤气可以用于工业加热。

3. 油制气 它是以炼油厂的重油为原料，经裂解后制取的可燃气体。它可作为城市煤气的基本气源。

4. 高炉煤气 它是冶金厂炼铁时的副产气，主要作为焦炉的加热煤气，以取代焦炉煤气供应城市。

（三）液化石油气

液化石油气是开采和炼制石油过程中，作为副产品而获得的一部分碳氢化合物。

（四）沼气

沼气又称生物气，是各种有机物质（蛋白质、纤维素、脂肪、淀粉等）在隔绝空气的条件下发酵，并在微生物的作用下产生的可燃气体。发酵的原料有：粪便、垃圾、杂草、落叶等。

二、城市燃气的质量要求

城市燃气是在一定的压力下输送和使用的，而且燃气具有毒性和爆炸性，如果材质和施工方法存在问题或使用不当，往往会造成漏气，有时会引起爆炸、失火和人身中毒事故。因此，在施工和设计当中，必须充分考虑安全问题。城市燃气质量标准如下。

（1）人工燃气质量指标应符合下列要求：

1）低发热值大于 $14700kJ/Nm^3$。

2）杂质允许含量的指标（mg/Nm^3）：焦油与灰尘小于10；硫化氢小于20；氨小于50；茶小于50（冬季）或小于100（夏季）。

3）含氧量小于1%（体积分数）。

4）CO的含量不宜超过10%（体积分数）。

（2）城市燃气应具有可以察觉的臭味，无臭味的燃气应加臭，其加臭程度应符合下列要求：

1）有毒燃气在达到允许的有害浓度之前，应有能察觉的臭味。

2）无毒燃气在相当于爆炸下限的20%时，应有能察觉的臭味。

三、燃气供应系统的组成

燃气供应系统是由气源（燃气的生产）、燃气输配系统、燃气应用系统三个部分组成。

1. 气源　气源就是燃气的来源，是指各种人工燃气的制气厂或天燃气配气站。

2. 燃气输配系统　它是由气源到用户之间的一系列燃气输送和分配设施组成，包括气源、管网、调压室、储配站、控制系统和用户等，各组成部分的关系为：气源→储配站→高、中压管网→区域调压室→用户。

3. 燃气应用系统　它是由入户管、燃气表和燃具等组成。

城市燃气供应系统是指从气源厂至用户的一系列燃气设施的总称，其主要作用是把气源厂的燃气送至各个用户，以保证不间断、安全可靠地向用户供气。

四、城市燃气管网系统的分类及其选择

（一）燃气管道的分类

燃气管道根据用途、敷设方式和输气压力分类。

1. 根据用途分类

（1）长距离输气管线，其干管及支管的末端连接城市或大型企业，作为该供应区的气源点。

（2）城市燃气管道：

1）分配管道。在供气地区将燃气分配给企业、公共建筑物和居民用户的管道。分配管道包括街区和庭院的分配管道。

2）用户引入管。将燃气从分配管道引到用户室内管道引入口的总阀门的管道。

3）室内燃气管道。通过用户管道引入口的总阀门将燃气引向室内，并分配到每个燃气用具的管道。

（3）企业燃气管道：

1）工厂引入管道和厂区燃气管道。将燃气从城市燃气管道引入工厂，并分送到各用气车间的管道。

2）车间燃气管道。从车间的管道引入口将燃气送到车间内各个用气设备的管道。车间管道包括干管和支管。

3）炉前燃气管道。从支管将燃气分送给炉上各个燃烧设备的管道。

2. 根据敷设方式分类

（1）地下敷设燃气管道。一般在城市中常采用地下敷设。

（2）架空敷设燃气管道。在管道通过障碍时或在工厂区为了管理维修方便，采用架空敷设。

3. 根据输气压力分类

（1）低压燃气管道：压力小于 5kPa。

（2）中压燃气管道：压力为 0.5~0.15MPa。

（3）次高压燃气管道：压力为 $0.15 \sim 0.3MPa$。

（4）高压燃气管道：压力为 $0.3 \sim 0.8MPa$。

（5）超高压燃气管道：压力大于 $0.8MPa$。

居民用户和小型公共建筑用户以低压供气，若供人工燃气时，其 $p \leqslant 2kPa$；若供天然气时，$p \leqslant 3.5kPa$；输送气态液化石油气时，$p \leqslant 5kPa$。当连在低压燃气管道上的用户都安装用户调压器时，$p \leqslant 5kPa$。

中压和次高压管道必须通过区域调压室或用户专用调压室才能给城市分配管网中的低压和中压管道供气，或给工厂、大型公共建筑用户以及锅炉房供气。

4. 按管网形状分类

（1）环状管网。

（2）枝状管网。

（3）环枝状管网。

城市燃气管道系统各级压力的干管，特别是中压以上压力较高的管道，应连成环状管网，初建时也可以是半环状或枝状管道，但应逐步构成环状管网。

（二）城市燃气管网系统及其选择

1. 城市燃气输配系统的构成　城市燃气输配系统是从气源厂至用户的一系列燃气设施的总称，其主要作用是把气源厂燃气送至各个用户，以保证不间断地、可靠地向用户供气。城市燃气输配系统主要由下列几部构成：

（1）低压、中压（或次高压）以及高压等不同压力的燃气管网。

（2）城市燃气分配站或压送机站、调压计量站或区域调压室。

（3）储配站。

（4）电信与自动化设备、电子计算机中心。

目前，我国以人工燃气作为城市燃气气源的输配系统主要由储配站、区域调压站以及中、低压管网组成。其工艺流程如下：

（1）大中城市：气源厂来的燃气→储配站（在站中设低压燃气贮罐、加压设施）→中压管网→区域调压室→低压管网→用户。

（2）小城镇：气源厂来的燃气→储配站→低压管网→用户。

2. 城市燃气管网系统　城市燃气输配系统的主要部分是燃气管网，根据所采用的管网压力级制不同可分为：

（1）一级系统。仅用于低压管网来分配和供给燃气，一般只适用于小城镇的供气系统，如供气范围较大时，则输送单位体积燃气的管材用量急剧增加。

（2）两级系统。由低压和中压或低压和次高压两级管网组成。

1）低压—次高压两级管网系统如图 4-1 所示，气源为天然气，用长输管线的末端储气。

图中天然气由长输管线从东西方向经煤气分配站送入该城市。次高压管道连成环状管网，通过区域调压室向低压管网供气，通过专用调压室向企业供气。低压管网根据地理条件分成三个互不连通的区域管网。

天然气输气压力小于 $5kPa$ 的低压干管上一般不设阀门。在低压管道上进行检修或处理故障时可用橡胶球堵塞管道，也可采用水封阀门起关断作用，高压、次高压和中压燃气管道干管上，应设置分段阀门；在其支管上的起点处，也应设置阀门。阀门应设置在非常必要的

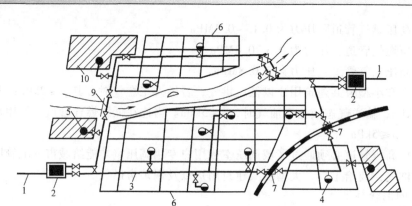

图 4-1 低压—次高压两级管网系统

1—长输管线 2—城市燃气分配站 3—次高压管网 4—区域调压站
5—企业专用调压站 6—低压管网 7—穿过铁路的套管敷设
8—穿越河底的过河管 9—沿桥敷设的过河管 10—用户

地方，以便检修、故障处理或在改建扩建时，可关断个别管段而避免出现大片用户停气的情况。每增加一个阀门，在发生故障的情况下，可使少量用户而不是大量用户停气，则提高了管网的可靠性。

图 4-1 中与铁路相交处的燃气管道敷设在套管内。过河的地方一处用双管穿越河底，另一处则利用已建的桥梁采用沿桥敷设。

2）低压—中压两级管网系统如图 4-2 所示，气源是人工燃气，用低压贮气罐储气。

此管网系统是从位于该市郊区的燃气厂生产的低压燃气，经加压后送入中压管网，再经区域调压室调压后送入低压管网，设置在用气区的低压贮气罐由中压管网供气，用气高峰时向低压管网输送燃气。这种系统的特点是中压管网经调压后与低压贮气罐相连，中压管道和低压管道分别连成环状管网，但是由于低压贮气罐站设在城市里，对市容和安全是不利的。另外，区域调压室与贮气罐站的位置必须布置合理，以避免局部地区供气量和压力不足的情况出现。

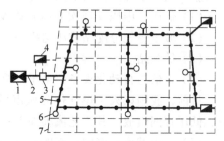

图 4-2 低压—中压两级管网系统

1—气源厂 2—低压管道 3—压送机站
4—低压贮气罐站 5—中压管网
6—区域调压室 7—低压管网

3）三级管网系统是由低压、中压和高压管网组成，气源是来自长输管线的天然气（也可以是高压的人工燃气），用高压贮气罐储气，如图 4-3 所示。

该城市原为中压和低压两级管网，气源是煤制气，随着燃气供应事业的发展，天然气送入该市，建立了压力为 3kPa、0.07~0.15MPa 和 0.3~0.5MPa 的三级管网。

4）多级管网系统。气源是天然气，该市的供气系统用地下贮气库、高压贮气罐站以及长输管线储气，如图 4-4 所示。

居民人口密度相当大的某特大型城市，采用了多级管网系统。天然气通过几条长输管线进入城市管网，两者的分界点是城市燃气分配站，天然气压力在该站降到 2.0MPa，进入城市外环的高压管网。

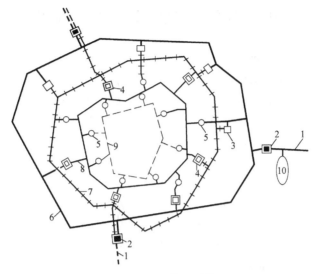

图 4-3　三级管网系统

1—长输管线　2—城市燃气分配站　3—郊区高压管道（1.2MPa）
4—贮气罐站　5—高中压调压室　6—高压管网　7—中压管网
8—中低压调压室　9—低压管网　10—燃气厂

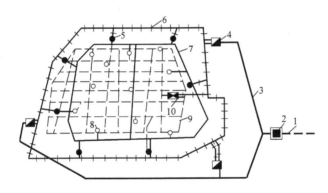

图 4-4　多级管网系统

1—长输管线　2—城市燃气分配站　3—调压计量站　4—贮气罐站
5—调压室　6—2.0MPa 的超高压环网　7—高压管网
8—次高压管网　9—中压管网　10—地下贮气库

　　该城市管网系统的压力主要分为四级，即低压、中压、次高压和高压。各级管网分别组成环状。天然气由较高压力等级的管网进入较低压力等级管网时，必须通过调压室。

　　由于该城市市中心区的人口密度很大，从安全考虑只敷设了压力不大于 0.15MPa 的中压管网。企业用户和大型公共建筑物与中压管网相连，居民用户和小型公共建筑物则与低压管网相连。

五、城市燃气管道的布置

城市里的燃气管道均采用地下敷设。

1. 布置依据　地下燃气管道沿城市道路、人行便道敷设或敷设在绿化地带内。在决定城市中不同压力燃气管道的布置问题时，必须考虑到下列基本情况：

1）管道中燃气的压力。

2）街道其他地下管道的布置情况。

3）街道交通量和路面的结构情况。

4）所输送燃气的含湿量，必要的管道坡度，街道地形变化情况。

5）与该管道相连接的用户数量及用气量情况，该管道是主要还是次要管道。

6）线路上所遇到的障碍物情况。

7）土壤性质、腐蚀性能和冰冻线深度。

8）该管道在施工、运行和万一发生故障时，对城市交通和人民生活的影响。

在布置时，要决定燃气管道沿城市街道的平面位置和纵断面位置。

2. 城市燃气管道的平面布置　高中压管网主要功能是输气，而中压管网还有向低压管网配气的作用。低压管网的主要功能是直接向各类用户配气，是城市供气系统中最基本的管网。其高、中、低压管网平面布置一般应考虑下列问题：

1）高压管道宜布置在城市边缘或市内有足够埋管安全距离的地带，并应连接成环状管网，以提高供气的可靠性。

2）中压管道应布置在便于与低压环状管网连接的规划道路上，但应尽量避免沿车辆来往频繁或闹市区的主要交通干线敷设，否则对管道施工和管理维修造成困难。

3）中压管网应布置成环状管网，以提高输气和配气的安全可靠性。

4）高、中压管道的布置应考虑调压室的布点位置，尽量使管道靠近各调压室，以缩短连接支管的长度。

5）从气源厂连接高压或中压管网的管道应采用双线敷设。

6）高、中压管道应尽量避免穿越铁路或河流等大型障碍物，以减少工程量和投资。

7）低压管道的输气压力低，沿程压力降的允许值也较低，故低压管道的成环边长一般控制在 300~600m 之间。

8）低压管道直接与用户相连，而用户随着城市建设发展而逐步增加，故低压管道除以环状管网为主体布置外，也允许存在枝状管道。

9）燃气管道的布置应根据全面规划、远近结合，以近期为主的原则，做出分期建设的安排。燃气管道的布置工作是在原则上确定了管网系统的压力级制之后进行，并按压力高低的顺序，先布置高压管网，后布置中、低压管网。对于扩建或改建的管网，应从实际出发，充分发挥原有管道的作用。

10）低压管道可以沿街道的一侧敷设，也可双侧敷设。在有轨电车通行的街道上，当街道宽度大于 20m，横穿街道的支管多或输配气量大，而又限于条件不允许敷设大口径管道时，低压管道可采用双侧敷设。

11）燃气管道不得在堆积易燃、易爆物品和具有腐蚀性物质的场地下面通过。不宜与给水管、热力管、电力电缆等同沟敷设，必须同沟敷设时，应有保护措施。

12）地下燃气管道与建筑物、构筑物以及其他相邻各种管道之间应保持必要的水平净距，见表 4-2。

3. 管道的纵断面布置要求

（1）地下燃气管道宜埋设在冰冻线以下，其管顶的覆土厚度还应满足下列要求：

表 4-2　地下燃气管道与建筑物、构筑物或相邻管道之间的最小水平净距（单位：m）

序号	项　目		地下燃气管道			
			低压	中压	次高压	高压
1	建筑物的基础		2.0	3.0	4.0	6.0
2	热力管道的管沟外壁、给水管或排水管		1.0	1.0	1.5	2.0
3	电力电缆		1.0	1.0	1.0	1.0
4	通信电缆	直埋	1.0	1.0	1.0	1.0
		在导管内	1.0	1.0	1.0	2.0
5	其他燃气	$d \leqslant 300mm$	0.4	0.4	0.4	0.4
		$d > 300mm$	0.5	0.5	0.5	0.5
6	铁路钢轨		5.0	5.0	5.0	5.0
7	有轨电车道的钢轨		2.0	2.0	2.0	2.0
8	电杆（塔）的基础	$d \leqslant 35kV$	1.0	1.0	1.0	1.0
		$d > 35kV$	5.0	5.0	5.0	5.0
9	通信、照明电杆（至电杆中心）		1.0	1.0	1.0	1.0
10	街树（至树中心）		1.2	1.2	1.2	1.2

1）埋设在机动车道下时，不得小于 0.8m。

2）埋设在非机动车道下时，不得小于 0.6m。

3）埋设在水田下时，不得小于 0.8m。

（2）输送湿燃气的管道应有不小于 0.3% 的坡度，布管时最好能使管道的坡度与地形相适应，在管道的最低点应设排水器。相邻排水器之间的间距一般不大于 500m。

（3）燃气管道不得在地下穿过房屋或其他建筑物，不得平行敷设在有轨电车轨道下，也不得与其他地下设施上下并置。

（4）地下燃气管道与其他构筑物以及相邻管道之间的垂直净距见表 4-3。

表 4-3　地下燃气管道与其他构筑物以及相邻管道之间的垂直净距（单位：m）

序号	项　目		地下燃气管道（当有套管时，以套管计）
1	给水管、排水管或其他燃气管道		0.15
2	热力管道的管沟底（或顶）		0.15
3	电缆	直埋	0.50
		在导管内	0.15
4	铁路轨底		1.20
5	有轨电车轨底		1.00

（5）室外架空的燃气管道，可沿建筑物外墙或支柱敷设。当采用支架架空敷设时，管底至人行道路面的垂直净距一般不小于 2.2m，管底至厂区道路路面的垂直净距一般不小于 4.5m，管底至厂区铁路轨顶的垂直净距一般不小于 5.5m。

第二节 室内燃气供应

室内燃气供应方式有室内燃气管道系统供应和瓶装供应两种方式。

一、室内燃气管道系统

（一）室内燃气管道系统的组成

室内燃气管道系统由用户引入管、干管、立管、用户支管、燃气表、用具连接管和燃气用具所组成，如图4-5所示。

（二）室内燃气管道的布置原则

（1）用户引入管与城市或庭院低压分配管道连接时，在分支处设阀门。

（2）输送湿燃气的引入管一般由地下引入室内，当采取防冻措施时也可由地上引入。在非采暖地区或输送干燃气而且管径不大于75mm时，则可由地上直接引入室内。

（3）输送湿燃气的引入管应有不小于0.5%的坡度，坡向城市分配管道。

（4）燃气引入管和室内燃气管道不得在卧室、浴室、地下室、易燃易爆品仓库、配电室、变电室、通风机室、潮湿或有腐蚀性介质的房间内。当必须穿过设有用气设备的卧室、浴室时，必须设在套管内。

（5）引入管穿过承重墙、基础、管沟时，均应设在套管内（图4-6）。

（6）引入管上可连接一根立管，也可连接若干根立管，后者则应设水平干管，水平干管可沿楼梯间或辅助房间的墙壁敷设，坡向引入管，坡度应不小于0.2%。管道经过楼梯间和房间应有良好的自然通风。

（7）燃气立管一般应敷设在厨房或走廊内。当由地下引入室内时，立管在第一层处设阀门，阀门一般设在室内，对重要用户应在室外另设阀门。

（8）燃气立管的上、下端应装旋塞，其直径一般小于25mm。

（9）立管通过各层楼板处应设套管，套管高出地面至少50mm，套管与管道之间的间隙应用沥青和油麻填塞。

（10）由燃气立管引出的用户支管，在厨房内其安装高度不低于1.7m，敷设坡度不小于0.2%，并由燃气表分别坡向立管和煤气用具。

（11）燃气用具连接的垂直管段的阀门应距地面1.5m左右。

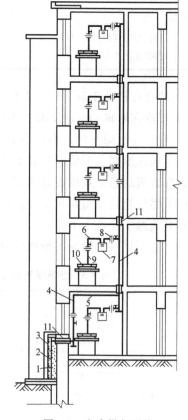

图4-5 室内燃气系统
1—用户引入管 2—砖台 3—保温层 4—立管
5—水平干管 6—用户支管 7—燃气计量表
8—旋塞阀及活接头 9—用具连接管
10—燃气用具 11—套管

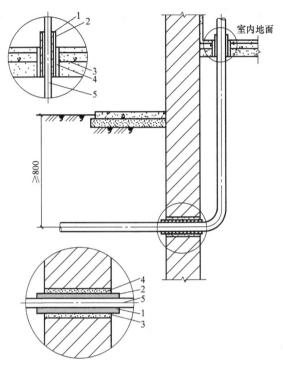

图 4-6　用户引入管
1—沥青密封层　2—套管　3—油麻填料　4—水泥砂浆　5—燃气管道

（12）室内煤气管道应为明装，当建筑物或工艺有特殊要求时，也可采用暗装，但应敷设在有人孔的闷顶或有活盖的墙槽内。

（13）室内燃气管道应尽量采用镀锌钢管。

（14）室内燃气管道若敷设在可能冻结的地方时应采取防冻措施。

（15）燃气表宜安装在通风良好，环境温度高于0℃，并且便于抄表及检修的地方。

（三）高层建筑物的室内燃气管道系统应考虑的问题

1. 补偿高层建筑物的沉降　高层建筑物自重大，沉降量显著，易在引入管处造成破坏。根据这一情况可在引入管处安装伸缩补偿接头以消除建筑物沉降的影响。

伸缩补偿接头有波纹管接头、套管接头和铅管接头等形式。图 4-7 为引入管的铅管补偿接头，建筑物沉降时由铅管吸收变形，以避免破坏。铅管前安装阀门，设有闸井，便于检修。

2. 克服高程差引起的附加压力的影响　燃气与空气密度不同，随着建筑物高度增加，附加压头也增大，高层建筑物燃气用具压力增大，影响燃气用具的正常工作。为了克服附加压力对燃气用具的影响，可采取下列措施：

1）若附加压头增值不大，可采取增加管道阻力的办法，以降低其增值。例如在燃气总立管上增设分段阀门，作调节用。

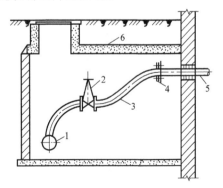

图 4-7　引入管的铅管补偿接头
1—楼前供气管　2—阀门　3—铅管
4—法兰　5—穿墙管　6—闸井

2）高层和低层分设两个供气系统，分区供气，以满足不同高度的燃气用具工作压力的需要。

3）设用户调压器，各用户由各自的调压器将燃气降压，达到稳定的、燃气用具所需的压力值。

4）按高层和低层不同的实际燃气压力设计制造专用燃气用具，或改变燃气用具中的个别部件。对于饭店、宾馆等厨房中的一些燃气用具可考虑采取这一措施。

3. 补偿温差产生的变形　高层建筑物燃气立管的管道长、自重大，需在立管底部设置支墩，为了补偿由于温差产生的胀缩变形，需将管道两端固定，并在中间安装吸收变形的挠性管或波纹补偿装置。

1）管道的补偿量

$$\Delta L = 0.\ 012 \Delta t L$$

式中　ΔL——管道的补偿量（mm）；

Δt——管道安装时与运行中的最大温差（℃）；

L——两固定端之间管道的长度（m）。

2）管道的补偿装置。在煤气管道中一般采用挠性管补偿装置和波纹管补偿装置（图4-8）。

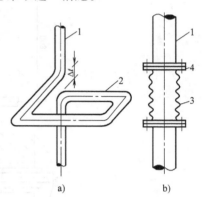

图4-8　燃气立管的补偿装置
a）挠性管　b）波纹管
1—燃气立管　2—挠性管　3—波纹管
4—法兰

二、液化石油气瓶供应

液化石油气可以管道输送，也可以瓶装供应。瓶装供应适应性强，应用灵活。液化石油气生产厂家通过火车、汽车槽车或管道运输至储配站，依靠压缩机或泵将液化石油气卸入贮罐，灌瓶后供应用户。

钢瓶是盛装液化石油气的专用压力容器，供民用、公用及小型工业用户使用的钢瓶，其充装量为10kg、15kg、50kg，它是由底座、瓶体、瓶嘴、耳片和护罩等组成，其构造如图4-9所示。

单户的瓶装液化石油气供应分单瓶供应和双瓶供应。目前我国民用用户主要为单瓶供应。

单瓶供应设备如图4-10所示，是由钢瓶、调压器、燃气用具和连接管组成。钢瓶一般

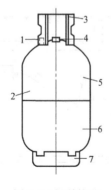

图4-9　钢瓶构造
1—耳片　2—瓶体　3—护罩　4—瓶嘴
5—上封头　6—下封头　7—底座

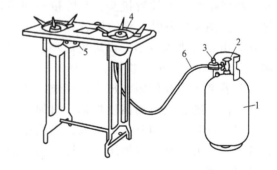

图4-10　液化石油气单瓶供应
1—钢瓶　2—钢瓶角阀　3—调压器
4—燃气用具　5—开关　6—耐油胶管

放在通风良好的地方，不得放于卧室、无通风设备的走廊、地下室及有煤火炉的房间内。钢瓶周围的环境温度不应高于45℃，当放在室外时应有防雨和防晒的措施。

减压阀的作用是给液化石油气减压，使之由液态变为气态，通过耐油软管供给燃气用具使用。

使用液化石油气时，先打开钢瓶上的角阀，然后打开燃气灶上的旋塞阀，液化石油气借本身压力进入调压器，降压后进入燃气用具燃烧。火焰大小用旋塞阀控制。

钢瓶在运送过程中，应严格遵守操作规程，严禁乱扔乱甩。液化石油气的体积随温度而变化，温度升高10℃，体积增大大约3%~4%。瓶装时，若不加注意，可能有胀裂钢瓶并发生爆炸的危险。因此，液化石油气在瓶内的充满程度，不应超过钢瓶容积的85%，装瓶之前必须将瓶内的残液清除干净。

第三节　燃气管道的管材及其附属设备

一、燃气管道的管材

燃气管道所用的管材有钢管、铸铁管、预应力钢筋混凝土管、塑料管等。

二、燃气管道的附属设备

为了保证管网的安全运行，并考虑到检修、接管的需要，在管道的适当地点设置必要的附属设备。这些设备有阀门、补偿器、排水器、放散管等。此外，在地下管网中安装阀门和补偿器，还要修建闸井。

（一）阀门

1. 作用　用来启闭管道通路或调节管内流量。

2. 常用的阀门　闸阀、旋塞阀、截止阀、球阀和蝶阀等。

3. 选用阀门的要求　室内燃气管道：当小于或等于DN50时的燃气管道采用旋塞阀；大于或等于DN75时采用闸阀。室外燃气管道：一般采用闸阀。截止阀、球阀主要用于天然气等管道上。

闸阀、蝶阀只允许安装在水平管道上，其他阀不受这一限制。但对有驱动装置的截止阀、球阀也必须安装在水平管道上。

（二）补偿器

1. 作用　调节管段伸缩量。

2. 种类　有波形补偿器和橡胶—卡普隆补偿器。

3. 构造　如图4-11、图4-12所示。

补偿器常用于架空管道和需要进行蒸汽吹扫的管道上。在埋地燃气管道上，多采用钢制波形补偿器，橡胶—卡普隆补偿器多用于通过山区、坑道和多地震地区的中、低压燃气管道上。

（三）排水器

1. 作用　用来排除燃气管道中的凝结水和天然气管道中的轻质油。

2. 安装要求　应安装在燃气管道的最低点，将汇集的水和油排出；排水器之间的距离

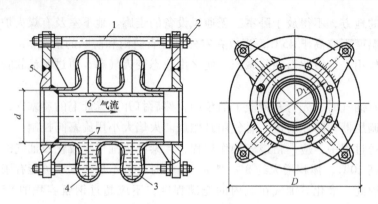

图 4-11　波形补偿器

1—螺杆　2—螺母　3—波节　4—石油沥青　5—法兰盘　6—套管　7—注入孔

不大于 500m。

3. 排水器的种类　根据燃气管道中的压力不同，排水器分为不能自喷排水器和能自喷排水器。

（1）低压排水器（图 4-13）。管道内压力低，排水器中的油和水依靠手动抽水设备来排出。

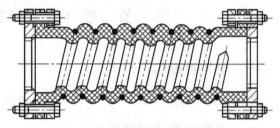

图 4-12　橡胶—卡普隆补偿器

（2）高、中压排水器（图 4-14）。管道内压力高时，排水器中的油和水打开排水管旋塞阀自行喷出，为防止剩余在排水管内的水在冬季冻结，另设有循环管，利用燃气的压力将排

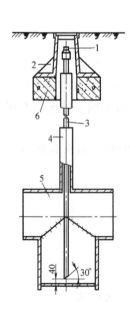

图 4-13　低压排水器

1—旋塞　2—防护罩　3—抽水管
4—套管　5—集水器　6—底座

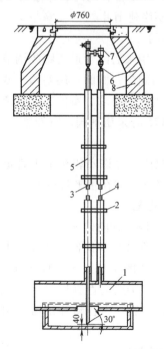

图 4-14　高、中压排水器

1—集水器　2—管卡　3—排水管　4—循环管
5—套管　6—旋塞阀　7—旋塞　8—井圈

水管中的水压回到下部的集水器中。

（四）放散管

1. 作用　用来排放管道中的空气或燃气。

（1）在管道投入运行时利用放散管排除管内空气，防止管内形成爆炸性的混合气体。

（2）在管道或设备检修时，利用放散管排除管内的燃气。

2. 安装位置　一般装在闸井阀门前。

（五）闸井

1. 作用　为保证管道的安全和操作方便，地下燃气管上的阀门一般都设在闸井中。

2. 构造　如图 4-15 所示。

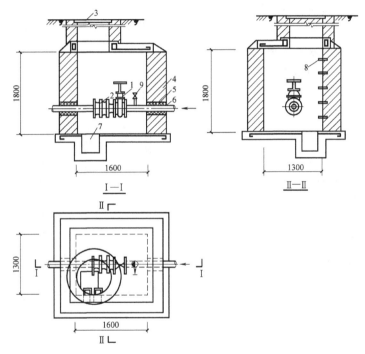

图 4-15　100mm 单管闸井构造图

1—阀门　2—补偿器　3—井盖　4—防水层　5—浸沥青麻
6—沥青砂浆　7—集水坑　8—爬梯　9—放散管

第四节　燃气计量表与燃气用具

一、燃气计量表

燃气计量表是计量燃气用量的仪表，根据其工作原理可分为容积式流量计、速度式流量计、差压式流量计和涡轮式流量计。

民用建筑室内燃气供应系统所用的计量燃气用量的燃气计量表一般采用容积式流量计，其工作原理是使被计量的燃气不断充满容积恒定的计量室，并利用被测燃气进出口压差推动传动机构进行往复或旋转运动，从而使燃气连续不断地通过计量室排出，并用计量装置将排出容量累计指示，以供统计记录。

干式皮膜式燃气计量表是目前我国最常用的容积式燃气计量表，其外形如图 4-16 所示。这种燃气计量表有一个方形的金属外壳，上部两侧有短管，左接进气管，右接出气管。外壳内有皮革制的小室，中间以皮膜隔开，分为左右两部分，燃气进入表内，可使小室左右两部分交替充气和排气，借助杠杆、齿轮传动机构，上部度盘上的指针即可指示出燃气用量的累计值。计量范围为小型流量计 $1.5 \sim 3m^3/h$；使用压力为 $500 \sim 3000Pa$；中型流量计 $6 \sim 84$ m^3/h，大型流量计可达 $100m^3/h$，使用压力为 $1 \times 10^3 \sim 2 \times 10^3 Pa$。

使用管道燃气的用户均应设置燃气计量表，居住建筑物应一户一表，公共建筑物至少每个用气单位设一个燃气计量表。

燃气计量表的安装应在室内燃气管道压力试验合格后进行，民用燃气计量表安装在用户支管上，一般用角钢托架在室内墙壁上，燃气计量表的底部离地面的高度应大于 1.4m，燃气计量表和燃气用具的水平距离应不小于 0.3m，表背面距墙面应不小于 0.1m。

燃气计量表的安装如图 4-17 所示。

图 4-16　干式皮膜式燃气计量表

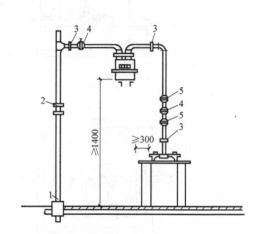

图 4-17　燃气计量表与燃气用具的相对位置示意图
1—套管　2—总立管转心阀门　3—管箍
4—支管转心阀门　5—活接头

二、燃气用具

燃气用具按用途不同有很多种类，这里仅介绍居住建筑中常用的几种。

（一）厨房燃气灶

厨房燃气灶有家用的单眼灶、双眼灶、烤箱炉等，其构造比较简单，一般由灶面，燃烧器、旋塞阀、旋钮、进气管、锅支架等组成。

1. 单眼燃气灶　单眼燃气灶是一个火眼的燃气灶，其主要制作材料为铸铁，结构较简单。新式的单眼燃气灶都配有不锈钢的外壳，并装有自动打火装置。

2. 双眼燃气灶　双眼燃气灶有两个火眼，是我国目前应用最广的燃气灶。它分为高架和短腿两种形式，按其主要材料分低档铸铁型和中高档薄板（不锈钢、搪瓷或烤漆 A_3）型，一般中高档的配有自动打火装置。

双眼燃气灶由炉体、工作面和燃烧器组成，如图 4-18 所示，考虑其使用方便及安全性，燃气灶宜设在通风和采光良好的厨房内，一般要靠近不易燃的墙壁放置，燃气灶边至墙面要有 50~100mm 的距离。安装燃气灶的房间为木质墙壁时，应做隔热处理。

3. 烤箱燃气灶　烤箱燃气灶是一种高档民用炊事灶具，它由外部围护结构和内箱组成，如图 4-19 所示。内箱包以绝热材料用以减少热损失，箱内设有承载物品的托网和托盘，顶部装有排烟口，在内箱上部空间里装有恒温器的感温元件，它与恒温器联合工作，控制烤箱燃气灶内的温度，烤箱燃气灶的玻璃门上装有温度指示器。燃气管道和燃烧器置于烤箱燃气灶底部。

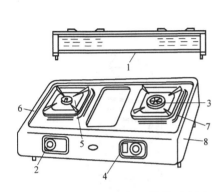

图 4-18　家用双眼燃气灶结构示意图
1—进气管　2—开关钮　3—燃气器
4—火焰调节器　5—盛液盘　6—灶面
7—锅支架　8—灶框

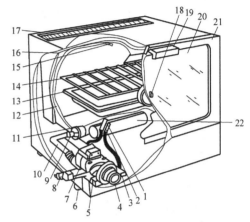

图 4-19　烤箱燃气灶
1—点火电极　2—点火辅助装置　3—压电陶瓷　4—燃具阀钮
5—燃气阀门　6—烤箱燃气灶腿　7—恒温器　8—进气管
9—主燃烧器喷嘴　10—燃气管　11—空气调节器　12—烤
箱燃气灶内箱　13—托盘　14—托网　15—恒温器感温元件
16—绝热材料　17—排烟口　18—温度指示器　19—
拉手　20—烤箱燃气灶玻璃　21—门　22—主燃烧器

（二）燃气加热设备

1. 燃气开水炉　燃气开水炉属于封闭容积式沸水器，其结构简单、筒体体积大，其内装有数根烟管，烟管与筒体之间为贮水容积，其外形如图 4-20 所示。

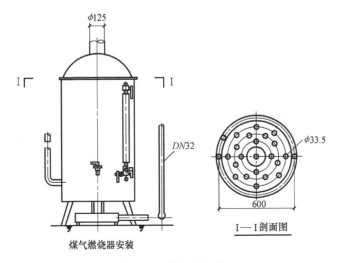

煤气燃烧器安装

I—I 剖面图

图 4-20　燃气开水炉

2. 燃气采暖炉　燃气采暖炉有单户燃气热水采暖炉、热风采暖炉、红外线辐射采暖炉三种。下面主要介绍单户燃气热水采暖炉。

家用燃气热水采暖炉的工作原理如图 4-21 所示，燃气热水采暖炉是一个将热水用燃气加热的设备，其加热的热水被送到供暖散热设备中散热后，又回到其中加热，如此循环供暖。

3. 燃气热水器　燃气热水器是一种局部热水供应的加热设备，按其构造和使用原理可分为直流式和容积式两种，目前采用最多的是直流式快速热水器，图 4-22 为直流式快速燃气热水器的构造图，其工作原理为冷水流经带有翼片的蛇形管时，被热烟气加热得到所需温度的热水供洗浴用。

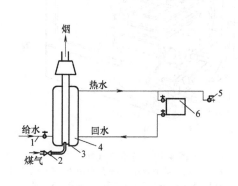

图 4-21　热水采暖炉的工作原理
1—给水阀　2—燃气阀　3—燃烧器　4—热水箱
5—热水龙头　6—暖气片

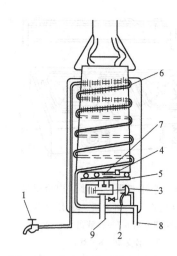

图 4-22　直流式快速燃气热水器
1—热水龙头　2—文氏管　3—弹簧膜片
4—点火苗　5—燃烧器　6—加热盘管
7—点火失败安全装置　8—冷水进口
9—煤气进口

容积式燃气热水器是一种能贮存一定容积热水的自动加热器（图 4-23），其工作原理是借调温器和电磁阀及热电偶联合工作，使燃气点燃和熄火。

直流式快速燃气热水器能快速、连续地供应热水，热效率比容积式燃气热水器高 5%～10%。

燃气热水器不得直接设在浴室内，可装在厨房或其他房间内。设置燃气热水器的房间体积不得小于 $12m^3$，房高不低于 2.6m，应有良好的通风。燃气热水器的燃烧器距地面应有 1.2～1.5m 的高度，以便于操作和维修。燃气热水器应安装在不燃的墙壁上，与墙壁的净距应大于 20mm。

无论是管道供应还是瓶装供应的燃气系统，燃气燃烧后所排出的废气成分中，含有一氧化碳、二氧化碳、二氧化硫等有害气体。一氧化碳毒性很大，它与人体内血红蛋白的结合力大于氧的结合力，人体吸入时，会造成人体组织缺氧，引起内脏出血、水肿及坏死，最后导致死亡。二氧化碳含量高时会使人呼吸困难直到神志不清，最后死亡。二氧化硫是有特殊臭味的刺激性气体，它主要影响上呼吸道，长时间作用会引起慢性中毒。

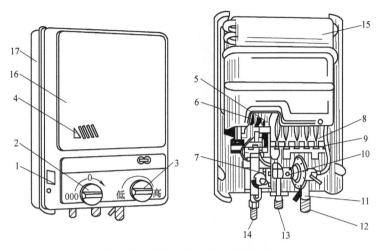

图 4-23　容积式燃气热水器构造图

1—气源铭牌　2—燃气开关　3—水温调节阀　4—观察窗　5—熄火保护装置
6—点火燃烧器（常明火）　7—压电元件点火器　8—主燃烧器　9—喷嘴
10—水-气控制阀　11—过压保护装置（放水）　12—冷水进口　13—热
水出口　14—燃气进口　15—热交换器　16—上盖　17—底壳

为保证人体健康，维持室内的清洁度，提高燃气的燃烧效果，对使用燃气用具的房间必须采取一定的通风措施，在房间墙壁上面及下面或者门扇的底部及上部设置不小于 $0.2m^2$ 的通风窗，通风窗下能与卧室相通，门扇应朝外开，如图 4-24 所示。

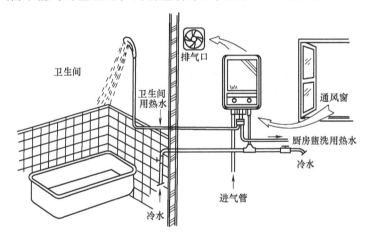

图 4-24　燃气热水器安装示意图

燃气燃烧产生的烟气，当楼层较少时，可设置各自独立的烟囱，砖墙内烟道的断面应不小于 140mm×140mm。当楼层较多，每层均设置独立的烟囱在建筑构造上很难处理时，可以设总烟道排除，但要防止下面房间的烟气窜入上层房间，图 4-25 为其中一种处理方式，图中总烟道直径为 300~500mm，每层排除燃烧烟气的支烟道直径为 100~125mm，且平行于总烟道，每层支烟道在其上面一到二层处接入总烟道，最上层的支烟道亦要升高，然后平行接入总烟道。烟囱的高度应高出平层顶 0.5m 以上，烟囱出口应设防雨雪帽或其他倒风措施。

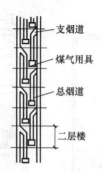

图 4-25　总烟道装置

小　　结

本章主要介绍城市燃气管网系统和室内燃气供应系统。按用途不同分为城市燃气管道和企业燃气管道；按敷设方式不同分为地下敷设燃气管道和架空敷设燃气管道；按输气压力不同分为低压燃气管道、中压燃气管道和高压燃气管道；按管网形状不同分为环状管网、枝状管网和环枝状管网。城市燃气管网主要以人工燃气作为气源，主要由储配站、区域调压站以及中、低压管网组成。本章主要研究城市燃气管网的工艺流程、布置原则和选择方法。

室内燃气供应方式分为室内燃气管道系统和瓶装供应两种方式。室内燃气管道系统由用户引入管、干管、立管、用户支管、燃气表、用具连接管和燃气用具等组成。本章主要研究室内燃气管道的布置原则、布置要求，燃气管道管材及附属设备选用及安装要求，燃气计量仪表、燃气灶具、燃气加热器等的工作原理、安装要求及安全使用方法。

复习思考题

1. 燃气由哪些可燃成分和不可燃成分组成？
2. 天然气有哪几种？各由哪些成分组成？
3. 人工燃气有哪几种？各由哪些成分组成？
4. 用于城市燃气对低发热值有何要求？
5. 城市燃气有何质量要求？
6. 燃气供应由哪几部分组成？
7. 城市燃气管网按压力分为哪几种？
8. 城市燃气管道的布置有何要求？
9. 室内燃气供应有哪些布置原则？

第五章

建 筑 电 气

学习目标：通过本章的学习，了解建筑电气安装工程常用的材料；掌握电气照明工程安装方式及要求；掌握防雷系统的组成及有关要求；了解接地系统的种类及适用范围；掌握电气施工图的识图方法，具有一定的识图能力。

第一节 电气安装工程常用材料

一、导线

导线又称电线，常用导线可分为绝缘导线和裸导线。导线的线芯要求导电性能好、机械强度大、质地均匀、表面光滑、无裂纹、耐蚀性好。导线的绝缘层要求绝缘性能好、质地柔韧且具有相当的机械强度，能耐酸、碱、油等的侵蚀。

（一）架空线

架空线路一般都采用裸导线（无绝缘层的导线称为裸导线）。常用的裸导线有铝绞线、钢芯铝绞线、铜绞线、钢绞线等。

铝绞线机械强度小，常用于输送电压 10kV 以下的线路上，其档距不超过 25～50m。钢芯铝绞线机械强度较高，在高压架空线路上应用广泛。铜绞线具有很高的导电性能和足够的机械强度，但由于铜绞线价格较贵，在高压线路中较少使用。钢绞线的特点是机械强度高、电阻率大，但易生锈，通常用在输送电压 35kV 及以上高压架空线路中作为避雷线。为防止生锈应采用镀锌钢绞线。

裸导线文字符号含义见表 5-1。

表 5-1 裸导线文字符号含义

线芯材料		特性								派生	
		形状		加工		软、硬		轻、加强			
符号	意义	符号	意义	符号	意义	符号	意义	符号	意义	符号	意义
T	铜线	Y	圆形	J	绞制	R	柔软	Q	轻型	1	第一种
L	铝线	G	沟形	X	镀锡	Y	硬	J	加强型	2	第二种
						F	防腐			3	第三种
						G	钢芯				

（二）绝缘导线

建筑物内及车间的动力和电气照明线路一般采用绝缘导线。具有绝缘包层（单层或数层）的导线称为绝缘导线。按绝缘材料的不同，绝缘导线分为橡皮绝缘导线和塑料绝缘导线；按芯线材料的不同，绝缘导线分为铜芯导线和铝芯导线；按芯线构造不同，绝缘导线分单芯、双芯、多芯导线等；按线芯股数，绝缘导线分为单股和多股导线。

橡皮绝缘导线供交流 500V 及其以下或直流电压 1000V 及其以下的电路中配电和连接仪表用。塑料绝缘导线常用聚氯乙烯绝缘，用作交流电压 500V 及其以下或直流电压 1000V 及其以下的电路中配电和连接仪表。绝缘导线文字符号含义见表 5-2。

表 5-2　绝缘导线文字符号含义

性能		分类代号或用途		线芯材料		绝缘		护套		派生	
符号	意义	符号	意义	符号	意义	符号	意义	符号	意义	符号	意义
ZR NH	阻燃 耐火	A B Y	安装线 布电线 移动电器线	T	铜(省略)	V F	聚氯乙烯 氟塑料	V H	聚氯乙烯 橡套	P R	屏蔽 软
		T HR HP	天线 电话软线 电话配线	L	铝	Y X F ST	聚乙烯 橡皮 氯丁橡皮 天然丝	B N SK L	编织套 尼龙套 尼龙丝 腊克	S P D P_1	双绞 平行 带形 缠绕屏蔽

常用绝缘导线的型号、名称及用途见表 5-3。

表 5-3　常用绝缘导线的型号、名称及用途

型　号		名　称	主　要　用　途
铜芯	铝芯		
BX	BLX	棉纱编织橡皮绝缘导线	用于不需要特别柔软导线的干燥或潮湿场所作固定敷设之用，宜于室内架空或穿管敷设
BBX	BBLX	玻璃丝编织橡皮绝缘导线	同上，但不宜于穿管敷设
BXR		棉纱编织橡皮绝缘软线	敷设于干燥或潮湿厂房中，作电器设备(如仪表、开关等)活动部件的连接线用，以及需要特软导线的场合
BXG	BLXG	棉纱编织、浸渍、橡皮绝缘导线(单芯或多芯)	穿入金属管中，敷设于潮湿房间，或有导体灰尘、腐蚀性瓦斯蒸气、易爆炸的房间以及有坚固保护层以避免穿过地板、顶棚、基础时受机械损伤
BV	BLV	塑料绝缘导线	用于耐油、耐燃、潮湿的房间内，作固定敷设之用
BVV	BLVV	塑料绝缘塑料护套线(单芯及多芯)	同 BV、BLV
	BLXF	氯丁橡皮绝缘导线	具有抗油性、不易霉、不易燃、制造工艺简单、耐日光、耐大气老化等优点，适宜于穿管及户外敷设
BVR		塑料绝缘软线	适用于室内，作仪表、开关连接线用以及要求柔软导线的场合

二、电缆

电缆是既有绝缘层又有保护层的导体，一般都由线芯、绝缘层和保护层三个主要部分组成。电缆按其用途可分为电力电缆、控制电缆、通信电缆、其他电缆；按电压可分为低压电缆、高压电缆；按绝缘材料不同可分为油浸纸电缆、橡皮绝缘电缆和塑料绝缘电缆；按芯数可分为单芯、双芯、三芯、四芯及多芯电缆。

（一）电缆构造及型号

电缆的型号中包含用途类别、绝缘材料、导体材料、铠装保护层等，电缆结构代号含义

见表 5-4。

表 5-4 电缆结构代号含义表

绝缘种类	导电线芯	内护层	派生结构	外护层	
代号含义	代号含义	代号含义	代号含义	第一数字含义	第二数字含义
Z:纸 V:聚氯乙烯 X:橡胶 XD:丁基橡胶 XE:乙丙橡胶	L:铝芯 T:铜芯	H:橡套 HP:非燃性护套 HF:氯丁胶 HD:耐寒橡胶 V:聚氯乙烯护套	D:不滴流 F:分相 CY:充油 G:高压 P:屏蔽	0:无 1:钢带 2:双钢带 3:细圆钢丝 4:粗圆钢丝	0:无 1:纤维线包 2:聚氯乙烯护套 3:聚乙烯护套
Y:聚乙烯 YJ:交联聚乙烯 E:乙丙烯		VF:复合物 Y:聚乙烯护套 L:铝包 Q:铅包	Z:直流 C:滤尘用或重型		

下面举例说明结构代号含义：

（1）ZQ_{21}—3×50—10—250 表示铜芯纸绝缘、铅包双钢带铠装、纤维外被层（如油麻）、截面面积 50mm^2，电压为 10kV、长度为 250m。

（2）$YJLV_{22}$—3×120—10—300 表示铝芯交联聚乙烯绝缘、聚氯乙烯内护套双钢带铠装、聚氯乙烯外护套，3 芯截面面积为 120mm^2、电压 10kV、长度为 300m 的电力电缆。

（3）VV_{22}（3×25+1×16）表示铜芯聚氯乙烯绝缘、聚氯乙烯内护套、双钢带铠装、聚氯乙烯外护套，3 芯截面面积 25mm^2、1 芯截面面积 16mm^2 的铜芯电力电缆。

（二）常用电力电缆

（1）电力电缆。电力电缆是用来输送和分配大功率电能的导线。无铠装的电力电缆适用于室内、电缆沟内、电缆桥架内和穿管敷设，不可承受压力和拉力。钢带铠装电力电缆适用于直埋敷设，能承受一定的压力，但不能承受拉力。电力电缆的构造如图 5-1 所示。

（2）交联聚乙烯绝缘电力电缆。简称 XLPE 电缆，即把热塑性的聚乙烯转变成热固性的交联聚乙烯塑料，从而大幅度地提高了电缆的耐热性和使用寿命，并具有良好的电气性能。交联聚乙烯绝缘电力电缆的型号、名称及用途见表 5-5。

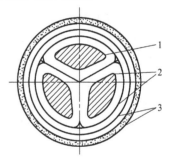

图 5-1 每芯截面面积为 25mm^2
电力电缆剖面
1—缆芯 2—绝缘 3—防护层

（3）聚氯乙烯绝缘聚氯乙烯护套电力电缆。该电缆长期工作温度不超过 70℃，电缆导体的最高温度不超过 160℃，短路最长持续时间不超过 5s。聚氯乙烯绝缘聚氯乙烯护套电力电缆技术数据见表 5-6。

（4）预制分支电缆。预制分支电缆是电力电缆的新品种。预制分支电缆不用在现场加工制作电缆分支接头和电缆绝缘穿刺线夹分支，而是由电缆生产厂家根据设计要求在制造电缆时直接从主干电缆上加工制作出分支电缆。预制分支电缆型号是由 YFD 加其他电缆型号组成。

例如预制分支电缆型号表示为：YFD—ZR—W—4×35+1×16。其表示主干电缆为 4 芯 185mm^2 和 1 芯 95mm^2 的铜芯阻燃聚氯乙烯绝缘聚氯乙烯护套电力电缆，分支电缆为 4 芯 35mm^2 和 1 芯 16mm^2 的铜芯阻燃聚氯乙烯绝缘聚氯乙烯护套电力电缆。预制分支电缆型号也可用另外的方法表示：YFD—ZR—W—4×185+1×95/4×35+1×16。

表 5-5 交联聚乙烯绝缘电力电缆

电缆型号		名 称	适用范围
铜芯	铝芯		
YJV	YJLV	交联聚乙烯绝缘聚氯乙烯护套电力电缆	室内、隧道、穿管、埋入土内（不承受机械力）
YJY	YJLY	交联聚乙烯绝缘聚乙烯护套电力电缆	
YJV$_{22}$	YJLV$_{22}$	交联聚乙烯绝缘聚氯乙烯护套钢带铠装电力电缆	室内、隧道、穿管、埋入土内
YJV$_{23}$	YJLY$_{23}$	交联聚乙烯绝缘聚乙烯护套钢带铠装电力电缆	
YJV$_{32}$	YJLV$_{32}$	交联聚乙烯绝缘聚氯乙烯护套细钢丝铠装电力电缆	竖井、水中、有落差地方,能承受外力
YJV$_{33}$	YJLV$_{33}$	交联聚乙烯绝缘聚乙烯护套细钢丝铠装电力电缆	

表 5-6 聚氯乙烯绝缘聚氯乙烯护套电力电缆技术数据

产品型号		芯数	标称截面 /mm²	产品型号		芯数	标称截面 /mm²
铜芯	铝芯			铜芯	铝芯		
VV/VV$_{22}$	VLV/VLV$_{22}$	1	1.5~800 2.5~800 10~800	VV/VV$_{22}$	VLV/VLV$_{22}$	3	1.5~300 2.5~300 4~300
VV/VV$_{22}$	VLV/VLV$_{22}$	2	1.5~805 2.5~805 10~805	VV/VV$_{22}$	VLV/VLV$_{22}$	3+1	4~300
				VV/VV$_{22}$	VLV/VLV$_{22}$	4	4~185

（三）控制电缆

控制电缆用于配电装置中传导操作电流、连接电气仪表及继电保护和自动控制回路。其构造与电力电缆相似,如图 5-2 所示。控制电缆运行电压一般在交流 500V、直流 1000V 以下,芯数为几芯到几十芯不等,截面面积为 1.5~10mm²。

常用的控制电缆有塑料电缆、塑料护套及橡皮绝缘塑料护套电缆。在高层建筑及大型民用建筑内部可采用不延燃的聚氯乙烯护套控制电缆,如 KVV、KXV 等。需要承受较大机械力时采用钢带铠装的控制电缆,如 KW$_{20}$、KXV$_{20}$ 等。高寒地区可采用耐护套控制电缆,如 KXVD、KWD 等。有防火要求的可采用非燃性控制电缆,如 KXHF 等。控制电缆的型号及用途见表 5-7。

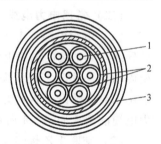

图 5-2 控制电缆
1—缆芯 2—绝缘层 3—防护层

表 5-7 控制电缆的型号及用途

型号	名 称	用 途
KYV	铜芯聚乙烯绝缘、聚氯乙烯护套控制电缆	敷设在室内、电缆沟内、管道内及地下
KVV	铜芯聚氯乙烯绝缘、聚氯乙烯护套控制电缆	
KXV	铜芯橡皮绝缘、聚氯乙烯护套控制电缆	敷设在室内、电缆沟内、管道内及地下
KXF	铜芯橡皮绝缘、氯丁护套控制电缆	
KYVD	铜芯聚乙烯绝缘、耐寒塑料护套控制电缆	
KXVD	铜芯橡皮绝缘、耐寒塑料护套控制电缆	
KXHF	铜芯橡皮绝缘、非燃性橡套控制电缆	

（续）

型 号	名 称	用 途
KYV$_{22}$	铜芯聚乙烯绝缘、聚氯乙烯护套内钢带铠装控制电缆	敷设在室内、电缆沟内、管道内及地下，能承受较大的机械力
KVV$_{22}$	铜芯聚氯乙烯绝缘、聚氯乙烯护套内钢带铠装控制电缆	
KXV$_{22}$	铜芯橡皮绝缘、聚氯乙烯护套内钢带铠装控制电缆	

三、常用绝缘材料

电工绝缘材料一般分为有机绝缘材料、无机绝缘材料和混合绝缘材料。有机绝缘材料分为树脂、橡胶、塑料、棉纱、纸、麻、蚕丝、人造丝、石油等，多用于制造绝缘漆和绕组导线的被覆绝缘物。无机绝缘材料有云母、石棉、大理石、电瓷、玻璃和硫磺等，多用做电机和电器的绕组绝缘、开关的底板及绝缘子等。

（一）塑料和橡胶

（1）塑料。塑料分为热固性塑料和热塑性塑料两类。塑料具有良好的绝缘性能，价格低、耐油浸、耐磨损。其缺点是塑料绝缘对气候适应性能较差，低温时变硬发脆，高温或阳光照射下增塑剂容易挥发而使绝缘老化加快，因此，塑料绝缘不宜应用在室外。

（2）橡胶。橡胶分天然橡胶和人造橡胶两种。其优点是弹性大、不透气、不透水，且有良好的绝缘性能。纯橡胶在加热和冷却时，易失去原有的性能，在实际应用中常把一定数量的硫磺和其他填料加在橡胶中，再经过特别的热处理，使橡胶能耐热和耐冷。这种经过处理的橡胶称为橡皮。

人造橡胶是碳氢化合物的合成物。该橡胶的耐磨性、耐热性、耐油性都优于天然橡胶，但造价比天然橡胶高。目前，人造橡胶中的氯丁橡胶、丁腈橡胶和硅橡胶等都广泛应用在电气工程中，如丁腈耐油橡胶管作为环氧树脂电缆头引出线的堵油密封层，硅橡胶用来制作电缆头附件等。

（二）电瓷

电瓷是用各种硅酸盐或氧化物的混合物制成的，其性质稳定、机械强度高、绝缘性能和耐热性能好。电瓷主要用于制作各种绝缘子、绝缘套管，灯座、开关、插座、熔断器底座等的零部件。

（三）其他绝缘材料

（1）电工漆。电工漆主要分为浸渍漆和覆盖漆。浸渍漆主要用来浸渍电气设备的线圈和绝缘零部件、填充间隙和气孔，以提高绝缘性能和机械强度。覆盖漆主要用于涂刷经浸渍处理过的线圈和绝缘零部件，形成绝缘保护层，以防机械损坏和气体、油类、化学药品等的侵蚀。

（2）电工胶。常用的电工胶有电缆胶和环氧树脂胶。电缆胶由石油沥青、变压器油、松香脂等原料按一定比例配制而成，可用来灌注电缆接头和漆管、电器开关及绝缘零部件。环氧树脂胶一般需现场配制，按照不同的配方制得分子量大小不同的电工胶。其中，分子量低的是黏度小的半液体物，用于电器开关、零部件作浇注绝缘；中等分子量的是稠状物，用于配制高机械强度的胶粘剂；高分子量的是固体物，用于配制各种漆等。配制环氧树脂灌注胶和胶粘剂时，应加入硬化剂，如乙二氨等，使其变成不溶的结实整体。

（3）绝缘布（带）和层压制品。

1）绝缘布（带）。绝缘布（带）主要用途是在电器制作和安装过程中作槽、匝、相间及连接和引出线的绝缘包扎。

2）层压制品。层压制品是由天然或合成纤维、纸或布浸（涂）胶后，经热压卷制而成，常制成板、管、棒等形状，用于制作绝缘零部件和用作带电体之间或带电体与非带电体之间的绝缘层，其特点是介电性能好，机械强度高。

（4）绝缘油。绝缘油主要用来充填变压器、油开关的空气空间和浸渍电缆等，常用的有变压器油、油开关油和电容器油。

1）变压器油。变压器油起绝缘和散热作用，常用的有 10 号、25 号和 45 号三种型号。

2）油开关油。油开关油起绝缘和散热、排热、灭弧作用，常用的有 45 号油。

3）电容器油。电容器油同样起绝缘和散热作用，常用的型号有 1 号和 2 号两种。

四、常用安装材料

在配线施工中，为了使导线免受腐蚀和外来机械损伤，常把绝缘导线穿在导管内敷设。电气工程中常用的导管有金属导管和绝缘导管。

（一）金属导管

配线工程中常使用的有厚壁钢管、薄壁钢管、金属波纹管和普利卡金属套管四类。

（1）厚壁钢管（SC）。厚壁钢管又称焊接钢管或低压流体输送钢管、水煤气管，有镀锌和不镀锌之分。厚壁钢管用作电线、电缆的保护管。通常用于潮湿场所的暗配或直埋于地下；也可以沿建筑物、墙壁或支吊架敷设，在生产厂房中大多明设。厚壁钢管的规格用公称直径（mm）表示，如：15、20、25、32、40、50、70、80、100、125、150 等。

（2）薄壁钢管。薄壁钢管又称电线管，用于敷设在干燥场所电线、电缆的保护管，一般可明敷或暗敷。

（3）金属波纹管。金属波纹管又称金属软管或蛇皮管，主要用于设备上的配线，如冷水机组、电动机安装等。金属波纹管是用 0.5mm 以上的双面镀锌薄钢带压边卷制而成，轧缝处有的加石棉垫，其规格尺寸与电线管相同。

（4）普利卡金属套管。普利卡金属套管是电线电缆保护套管的更新换代产品，其种类很多，但其基本结构类似，都是由镀锌钢带卷绕成螺纹状，属于可挠性金属套管。普利卡金属套管具有搬运方便、施工容易等特点，可用于各种场合的明、暗敷设和现浇混凝土内的暗敷设。

1）LZ—3 型普利卡金属套管。LZ—3 型为单层可挠性电线保护管，外层为镀锌钢带（FeZn），里层为电工纸（P）。主要用于电气设备及室内低压配线。其构造如图 5-3a 所示。

2）LZ—4 型普利卡金属套管。LZ—4 型为双层金属可挠性保护管，属于基本型，外层为镀锌钢带（FeZn），中间层为冷轧钢带（Fe），里层为电工纸（P）。金属层与电工纸重叠卷绕呈螺旋状，再与卷材方向相反地施行螺纹状折褶，构成可挠性。其构造如图 5-3b 所示。

3）LV—5 型普利卡金属套管。LV—5 普利卡金属套管是用特殊方法在 LZ—4 套管表面覆一层具有良好韧性软质聚氯乙烯（PVC）。LV—5 型除具有 LZ—4 型套管的特点外，还具有良好的耐水性、耐腐蚀性，适用于室内外潮湿及有水蒸气的场所使用。

除以上几种类型外，还有 LE—6、LAL—8、LS—9 型等多种，适用于潮湿或有腐蚀性气

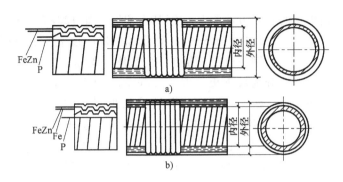

图 5-3　普利卡金属套管

a）LZ—3 型普利卡金属套管构造图　b）LZ—4 型普利卡金属套管构造图

体等场所。

（二）绝缘导管

绝缘导管有硬塑料管、半硬塑料管、软塑料管、塑料波纹管等。绝缘导管特点是常温下抗冲击性能好，耐碱、耐酸、耐油性能好，但易变形老化，机械强度不如金属导管。其中，硬型管适用于腐蚀性较强的场所作明敷设和暗敷设；软型管质轻、刚柔适中，用作电气导管。

PVC 硬质塑料管适用于民用建筑或室内有酸、碱腐蚀性介质的场所。由于塑料管在高温下机械强度下降、老化加速，环境温度在 40℃ 以上的高温场所不应使用。在经常发生机械冲击、碰撞、摩擦等易受机械损伤的场所也不应使用。

PVC 塑料管内外径应符合国家统一标准，外观检查管壁壁厚应均匀一致，无凸棱、凹陷、气泡等缺陷。在电气线路中使用的硬质 PVC 塑料管必须有良好的阻燃性能。PVC 塑料管在配管工程中，应使用与管材相配套的各种难燃材料制成的附件。

（三）常用型钢和板材

钢材具有品质均匀、抗拉、抗压、抗冲击等特点，并且具有良好的可焊、可铆、可切割、可加工性，因此在电气设备安装工程中得到广泛的应用。

（1）扁钢。扁钢的断面呈矩形，分为镀锌扁钢和普通扁钢。扁钢规格用宽度×厚度（mm×mm）表示，常用规格为：25×4、40×4、50×5、63×6 等。电气工程中常用扁钢制作各种抱箍、撑铁、拉铁和配电设备的零配件、接地母线及接地引线等。

（2）角钢。角钢的断面呈直角形，有镀锌角钢和普通角钢之分，还可根据断面形状分为等边角钢和不等边角钢两种。等边角钢的规格以边宽×边厚（mm×mm）表示，常用等边角钢的规格有：∟30×3，∟40×4，∟50×5，∟63×6 等。不等边角钢的规格以边宽×边宽×边厚表示（mm×mm×mm），常用不等边角钢的规格有：∟25×16×3，∟40×25×4，∟50×32×4，∟56×36×5 等。

（3）工字钢。工字钢由两个翼缘和一个腹板构成。其规格以腹板高度×腹板厚度（cm×mm）表示，型号以腹板高度数（cm）表示，如 10 号工字钢，表示其腹高为 10cm。工字钢广泛用于各种电气设备的固定底座、变压器台架等。

（4）圆钢。圆钢分为镀锌圆钢和普通圆钢，其规格以直径（mm）表示，常用圆钢的规格有（mm）$\phi6$、$\phi8$、$\phi10$、$\phi12$、$\phi14$、$\phi16$ 等。圆钢主要用来制作各种金具、螺栓、接地引线及钢索等。

（5）槽钢。槽钢规格的表示方法与工字钢基本相同，如 120×53×5 表示其腹板高度为 120mm，翼宽度为 53mm，腹板厚度为 5mm。型号以腹板厚度表示，常用槽钢的规格有 5 号、8 号、10 号、16 号等。槽钢一般用来制作固定底座、支撑、导轨等。

（6）钢板。钢板按厚度分为薄钢板（厚度≤4mm）、中厚钢板（厚度为 4.5～6.0mm）、特厚钢板（厚度>6.0mm）三种。薄钢板又分镀锌钢板（白铁皮）和不镀锌钢板（黑铁皮）。钢板可制作各种电器及设备的零部件、平台、垫板、防护壳等。

（7）铝板。铝板的规格以厚度（mm）表示，其常用规格有：1.0、1.5、2.0、2.5、3.0、4.0、5.0 等，铝板的宽度为 400～2000mm。铝板常用来制作设备零部件、防护板、防护罩及垫板等。

（四）常用紧固件

常用的紧固件除一般的圆钉、扁头钉、自攻螺钉、铝铆钉及各种螺钉外，还有直接固结于硬质基体上所采用的水泥钉、射钉、膨胀螺栓和塑料胀管。

（1）水泥钢钉。水泥钢钉是一种直接打入混凝土、砖墙等的紧固件。操作时最好先将钢钉钉入被固定件内，再往混凝土、砖墙等上钉。

（2）射钉。射钉是经过加工处理后制成的新型紧固件，具有很高的强度和良好的韧性。先将各种射钉直接钉入混凝土、砖砌体等硬质材料的基体中，再将被固定件直接固定在基体上。射钉分为普通射钉、螺纹射钉和尾部带孔射钉。射钉杆上的垫圈起导向定位作用，一般用塑料或金属制成。尾部有螺纹的射钉，便于在螺纹上直接拧螺母。尾部带孔的射钉，用于悬挂连接件。射钉弹、射钉和射钉枪必须配套使用。

（3）膨胀螺栓。膨胀螺栓由底部呈锥形的螺栓、能膨胀的套管、平垫圈、弹簧垫片及螺母组成。用电锤或冲击钻钻孔后安装于各种混凝土或砖结构上，钻孔直径与深度应符合膨胀螺栓的使用要求。一般在强度低的基体（如砖结构）上打孔，其钻孔直径要比膨胀螺栓直径缩小 1～2mm。钻孔时，钻头应与操作平面垂直，不得晃动和来回进退，以免孔眼扩大，影响锚固力。当钻孔遇到钢筋时，应避开钢筋，重新钻孔。

（4）塑料胀管。L塑料胀管以聚乙烯、聚丙烯为原料制成。塑料胀管比膨胀螺栓的抗拉、抗剪能力要低，适用于静荷载较小的材料。当往塑料胀管内拧入木螺栓时，应顺胀管导向槽拧入，不得倾斜拧入，以免损坏胀管。

（5）预埋螺栓。预埋螺栓用于固定较重的构件。预埋螺栓一头为螺扣，一头为圆环或燕尾，可以预埋在地面内、墙面及顶板内，通过螺扣一端拧紧螺母使元件固定。

第二节　照明工程

一、建筑电气照明基本知识

（一）照明方式和种类

1. 照明方式　根据工作场所对照度的不同要求，照明方式可分为三种。

（1）一般照明。在工作场所设置人工照明时，只考虑整个工作场所对照明的基本要求，而不考虑局部场所对照明的特殊要求，这种人工设置的照明称为一般照明。采用一般照明方式时，要求整个工作场所的灯具采用均匀布置的方案，以保证必要的照明均匀度。

（2）局部照明。在整个工作场所内，某些局部工作部位对照度有特殊要求时，为其所设置的照明，称为局部照明。例如，在工作台上设置的工作台灯，在商场橱窗内设置的投光照明，都属于局部照明。

（3）混合照明。在整个工作场所内同时设置了一般照明和局部照明，称为混合照明。

2. 照明种类　照明种类按其功能划分为：正常照明、应急照明、值班照明、警卫照明、障碍照明、装饰照明和艺术照明等。

（1）正常照明。正常照明指保证工作场所正常工作的室内外照明。正常照明一般单独使用，也可与应急照明和值班照明同时使用，但控制线路必须分开。

（2）应急照明。应急照明在正常照明因故障停止工作时使用。应急照明又可分为：

1）备用照明。备用照明是在正常照明发生故障时，用以保证正常活动继续进行的一种应急照明。凡存在因故障停止工作而造成重大安全事故，或造成重大政治影响和经济损失的场所必须设置备用照明，且备用照明提供给工作面的照度不能低于正常照明照度的10%。

2）安全照明。在正常照明发生故障时，为保证处于危险环境中的工作人员的人身安全而设置的一种应急照明，称为安全照明，其照度应不低于一般照明正常照度的5%。

（3）值班照明。在非工作时间供值班人员观察用的照明称为值班照明。值班照明可单独设置，也可利用正常照明中能单独控制的一部分或利用应急照明的一部分作为值班照明。

（4）警卫照明。用于警卫区内重点目标的照明称为警卫照明，通常可按警戒任务的需要，在警卫范围内装设，应尽量与正常照明合用。

（5）障碍照明。为保证飞行物夜航安全，在高层建筑或烟囱上设置障碍标志的照明称为障碍照明。一般建筑物或构筑物的高度大于或等于60m时，需装设障碍照明，且应装设在建筑物或构筑物最高部位。

（6）装饰照明。为美化和装饰某一特定空间而设置的照明称为装饰照明。装饰照明可为正常照明和局部照明的一部分。

（7）艺术照明。通过运用不同的灯具、不同的投光角度和不同的光色，制造出一种特定空间气氛的照明称为艺术照明。

（二）常见电光源和灯具

1. 电光源的分类　根据光的产生原理，电光源主要分为两大类，一类是热辐射光源，利用物体加热时辐射发光的原理所制造的光源，包括白炽灯和卤钨灯；另一类是气体放电光源，利用气体放电时发光的原理所制造的光源，如荧光灯、高压汞灯、高压钠灯、金属卤化物灯和氙灯都属此类光源。

2. 常见电光源

（1）普通白炽灯。普通白炽灯的结构如图5-4所示。普通白炽灯的灯头形式分为插口和螺口两种。普通白炽灯适用于照度要求较低，开关次数频繁的室内外场所。普通白炽灯泡的规格有15W、25W、40W、60W、100W、150W、200W、300W、500W等。

（2）卤钨灯。其工作原理与普通白炽灯一样，但突出特点是在灯管（泡）内充入惰性气体的同时加入了微量的卤素

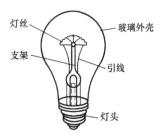

图5-4　普通白炽灯结构

物质，所以称为卤钨灯。目前国内用的卤钨灯主要有两类：一类是灯内充入微量碘化物，称

为碘钨灯，如图5-5所示；另一类是灯内充入微量溴化物，称为溴钨灯。卤钨灯多制成管状，灯管的功率一般都比较大，适用于体育场、机场广场等场所。

（3）荧光灯。荧光灯的构造如图5-6所示。荧光灯的主要类型有直管型荧光灯、异型荧光灯和紧凑型荧光灯等。直管型荧光灯品种较多，在一般照明中使用非常广泛，有日光色、白色、暖白色及彩色等多种。异型荧光灯主要有U型

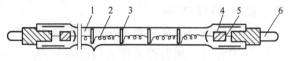

图 5-5　碘钨灯构造

1—石英玻璃管　2—灯丝　3—支架
4—铝箔　5—导丝　6—电极

和环型两种，异型荧光灯不但便于照明布置，而且具有装饰作用。紧凑型荧光灯是一种新型光源，有双U型、双D型、H型等，具有体积小、光效高、造型美观、安装方便等特点。

（4）高压汞灯。高压汞灯又称高压水银灯，靠高压汞气体放电而发光。按结构可分为外镇流式和自镇流式两种，如图5-7所示。自镇流式高压汞灯使用方便，在电路中不用安装镇流器，适用于大空间场所的照明，如礼堂、展览馆、车间、码头等。

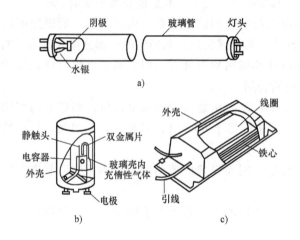

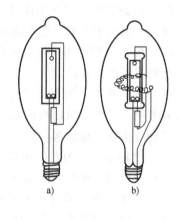

图 5-6　荧光灯的构造

a）灯管　b）启动器　c）镇流器

图 5-7　高压汞灯的构造

a）自镇流式　b）外镇流式

（5）钠灯。钠灯是在灯管内放入适量的钠和惰性气体。钠灯分为高压钠灯和低压钠灯两种，具有省电、光效高、透雾能力强等特点，适用于道路、隧道等场所照明。

（6）金属卤化物灯。金属卤化物灯的结构与高压汞灯非常相似，除了在放电管中充入汞和氢气外，还填充了各种不同的金属卤化物。按填充的金属卤化物的不同，主要有钠铊铟灯、镝灯、钪钠灯等。

（7）氙灯。氙灯是一种弧光放电灯，在放电管两端装有钍钨棒状电极，管内充有高纯度的氙气。氙灯具有功率大、光色好、体积小、亮度高、启动方便等优点，多用于广场、车站、码头、机场等大面积场所照明。

（8）霓虹灯。霓虹灯又称氖气灯，不作为照明用光源，常用于建筑灯光装饰、娱乐场所装饰、商业装饰，是用途最广泛的装饰彩灯。

3. 常用灯具　灯具主要由灯座和灯罩等部件组成。灯具的作用是固定和保护光源、控制光线、将光源光通量重新分配，以达到合理利用和避免眩光的目的。按其结构特点，

灯具可分为开启型、闭合型（保护式）、密闭型、防爆型、隔爆型、安全型等，如图 5-8 所示。

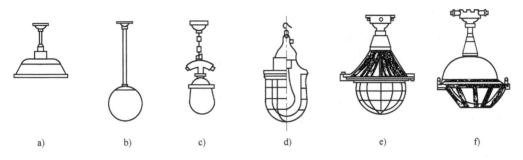

图 5-8　按灯具结构特点分类的灯型

a）开启型　b）闭合型　c）密闭型　d）防爆型　e）隔爆型　f）安全型

二、电气照明装置安装

（一）灯具常用安装方式

灯具安装包括普通灯具安装、装饰灯具安装、工厂灯具及防水防尘灯具安装、医院灯具安装和路灯安装等。常用安装方式有悬吊式、壁装式、吸顶式、嵌入式等。悬吊式又可分为软线吊灯、链吊灯、管吊灯。灯具常用安装方式如图 5-9 所示。

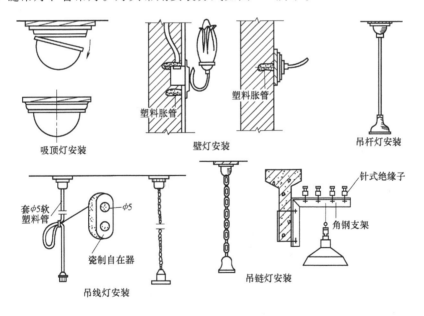

图 5-9　灯具常用安装方式

1. 吊灯的安装　吊灯安装包括软吊线白炽灯、吊链白炽灯、防水软线白炽灯的安装。其主要配件有吊线盒、木台、灯座等。吊灯的安装程序是测定、画线、打眼、埋螺栓、上木台、灯具安装、接线、接焊包头。依据现行《建筑电气工程施工质量验收规范》（GB 50303）对吊灯的安装要求是：

（1）灯具重量大于 3kg 时，固定在螺栓或预埋吊钩上。

（2）软线吊灯，灯具重量在 0.5kg 及以下时，采用软电线自身吊装；大于 0.5kg 的灯具采用吊链，且软电线编叉在吊链内，使电线不受力。

（3）灯具固定牢固可靠，不使用木楔。每个灯具固定用螺钉或螺栓不少于 2 个；当绝缘台直径在 75mm 及以下时，采用 1 个螺钉或螺栓固定。

（4）花灯吊钩圆钢直径不应小于灯具挂销直径，且不应小于 6mm。大型花灯的固定及悬吊装置，应按灯具重量的 2 倍做过载试验。

2. 吸顶灯的安装　吸顶灯安装包括圆球吸顶灯、半圆球吸顶灯以及方形吸顶灯等的安装。吸顶灯的安装程序与吊灯基本相同。对装有白炽灯的吸顶灯具，灯泡不应紧贴灯罩；当灯泡与绝缘台间距离小于 5mm 时，灯泡与绝缘台间应采取隔热措施，如图 5-10 所示。

3. 壁灯的安装　壁灯可安装在墙上或柱子上。安装在墙上时，一般在砌墙时应预埋木砖，禁止用木楔代替木砖，也可以预埋螺栓或用膨胀螺栓固定。安装在柱子上时，一般在柱子上预埋金属构件或用抱箍将金属构件固定在柱子上，然后再将壁灯固定在金属构件上。同一工程中成排安装的壁灯，安装高度应一致，高低差不应大于 5mm。

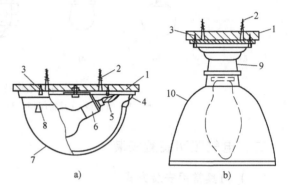

图 5-10　吸顶灯的安装

a）半圆吸顶灯　b）半扁罩灯

1—圆木　2—固定圆木用螺钉
3—固定灯架用木螺钉　4—灯架
5—灯头引线　6—管接式瓷质螺口灯座
7—玻璃灯罩　8—固定灯罩用机螺钉
9—铸铝壳瓷质螺口灯座　10—搪瓷灯罩

4. 荧光灯的安装　荧光灯的安装方法有吸顶式、嵌入式、吊链式和吊管式。应注意灯管、镇流器、启动器、电容器的互相匹配，不能随便代用。特别是带有附加线圈的镇流器，接线不能接错，否则会毁坏灯管。

5. 嵌入式灯具的安装　嵌入顶棚内的灯具应固定在专设的框架上，导线不应贴近灯具外壳，且在灯盒内应留有余量，灯具的边框应紧贴在顶棚面上。矩形灯具的边框宜与顶棚面的装饰直线平行，其偏差不应大于 5mm。

为了保证用电安全，《建筑电气工程施工质量验收规范》中对灯具的安装有以下规定：

（1）一般敞开式灯具，灯头对地面距离不小于下列数值（采用安全电压时除外），室外：2.5m；厂房：2.5m；室内：2m；软吊线带升降器的灯具在吊线展开后：0.8m。

（2）危险性较大及特殊危险场所，当灯具距地面高度小于 2.4m 时，使用额定电压为 36V 及以下的照明灯具，或有专用保护措施。

（3）当灯具距地面高度小于 2.4m 时，灯具的可接近裸露导体必须接地（PE）可靠或接零（PEN）可靠，并应有接地螺栓，且有标识。

（二）开关、按钮安装

1. 开关的安装　开关按安装方式可分为明装开关和暗装开关两种；按操作方式分为拉线开关、扳把开关、跷板开关、声光控开关等；按控制方式分为单控开关和双控开关；按开关面板上的开关数量可分为单联开关、双联开关、三联开关和四联开关等。

开关安装位置应便于操作，开关边缘距门框的距离宜为 0.15 ~ 0.2m；开关距地面高度宜为 1.3m；拉线开关距地面高度宜为 2~3m，且拉线出口应垂直向下。

为了美观，安装在同一建筑物、构筑物内的开关，宜采用同一系列的产品，开关的通断位置应一致，且操作灵活、接触可靠。并列安装的相同型号开关距地面高度应一致，高度差不应大于 1mm；同一室内安装的开关高度差应不大于 5mm；并列安装的拉线开关的相邻间距不应小于 20mm。

跷板式开关只能暗装，其通断位置如图 5-11 所示。扳把开关可以明装也可暗装，但不允许横装。

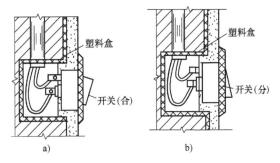

图 5-11　跷板开关通断位置
a）开关处在合闸位置　b）开关处在断开位置

2. 按钮的安装　一般按钮常用在控制电路中，可应用于磁力启动器、接触器、继电器及其他电器的控制之中，带指示灯式按钮还适用于灯光信号指示的场合。按钮的安装分为明装和暗装。一般按钮的安装程序是：测位、画线、打眼、预埋螺栓、清扫盒子、上木台、缠钢丝弹簧垫、装按钮、接线、装盖。

3. 插座的安装

（1）插座的安装。插座是各种移动电器的电源接取口。插座可分为单相双孔插座、单相三孔插座、三相四孔插座、三相五孔插座、防爆插座、地插座、安全型插座等。插座的安装分为明装和暗装。

插座的安装程序是：测位、画线、打眼、预埋螺栓、清扫盒子、上木台、缠钢丝弹簧垫、装插座、接线、装盖。

《建筑电气工程施工质量验收规范》对插座的安装有下列规定：

1）当不采用安全型插座时，托儿所、幼儿园及小学等儿童活动场所安装高度不小于 1.8m。

2）车间及试（实）验室的插座安装高度距地面不小于 0.3m；特殊场所暗装的插座不小于 0.15m；同一室内插座安装高度一致。

3）插座面板与地面齐平或紧贴地面，盖板固定牢固，密封良好。

4）当交流、直流或不同电压等级的插座安装在同一场所时，应有明显的区别，且必须选择不同结构、不同规格和不能互换的插座；其配套的插头，应按交流、直流或不同电压等级区别使用。

（2）插座的接线应符合下列要求：

1）单相双孔插座，面对插座的右孔或上孔与相线连接，左孔或下孔与零线连接；单相三孔插座，面对插座的右孔与相线连接，左孔与零线连接。

2）三相四孔及三相五孔插座的接地线或接零线均应接在上孔，插座的接地端子不应与零线端子直接连接。

3）接地（PE）或接零（PEN）线在插座间不串联连接。

部分插座接线如图 5-12 所示。

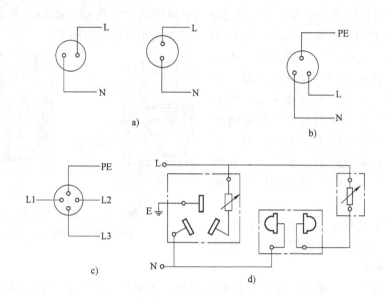

图 5-12　插座接线

a）单相双孔插座　b）单相三孔插座　c）三相四孔插座　d）安全型插座

（三）配电箱的安装

1. 配电箱类型　配电箱按用途不同可分为动力配电箱和照明配电箱两种；根据安装方式不同可分为悬挂式（明装）、嵌入式（暗装）以及落地式配电箱；根据制作材料可分为铁质、木质及塑料制配电箱，施工现场应用较多的是铁制配电箱。另外，配电箱按产品还可划分为成套配电箱和非成套配电箱。成套配电箱是由工厂成套生产组装的，非成套配电箱则根据实际需要来设计制作。

2. 安装要求　《建筑电气工程施工质量验收规范》对照明配电箱（盘）的安装有明确要求：

（1）位置正确，部件齐全，箱体开孔与导管管径适配，暗装配电箱箱盖紧贴墙面，箱（盘）涂层完整。

（2）箱（盘）内接线整齐，回路编号齐全，标识正确。

（3）箱（盘）不采用可燃材料制作。

（4）箱（盘）安装牢固，垂直度允许偏差为 1.5‰；底边距地面为 1.5m，照明配电板底边距地面不小于 1.8m。

（5）箱（盘）内配线整齐，无绞接现象。导线连接紧密，不伤芯线，不断股。垫圈下螺母两侧压的导线截面面积相同，同一端子上导线连接不多于 2 根，防松垫圈等零件齐全。

（6）箱（盘）内开关动作灵活可靠，带有漏电保护的回路，漏电保护装置动作电流不大于 30mA，动作时间不大于 0.1s。

（7）照明箱（盘）内，分别设置零线（N）和保护地线（PE）汇流排，零线和保护地线经汇流排流出。

3. 安装程序　施工现场常使用的是成套配电箱，其安装程序是：成套配电箱箱体现场预埋→管与箱体连接→安装盘面→装盖板。图 5-13 是几种常见配电箱的安装。

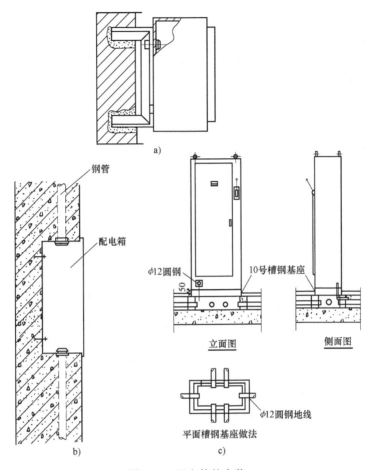

图 5-13　配电箱的安装

a）悬挂式　b）嵌入式　c）落地式

三、电气照明线路敷设

（一）室内配线工程概述

1. 敷设方式　根据敷设方式的不同，通常可将室内配线分为明敷设和暗敷设两种敷设方式。将绝缘导线直接敷设于墙壁、顶棚的表面及析架、支架等处，或将绝缘导线穿于导管内敷设于墙壁、顶棚的表面及析架、支架等处。暗敷设指的是将绝缘导线穿于导管内，在墙壁、顶棚、地坪及楼板等内部敷设或在混凝土板孔内敷设。室内常用配线方法有：瓷瓶配线、导管配线、塑料护套线配线、钢索配线等。

2. 室内配线基本要求　由于室内配线方法的不同，技术要求也有所不同，无论何种配线方法必须符合室内配线的基本要求，即室内配线应遵循的基本原则。

（1）安全。室内配线及电器、设备必须保证安全运行。

（2）可靠。保证线路供电的可靠性和室内电器设备运行的可靠性。

（3）方便。保证施工和运行操作及维修的方便。

（4）美观。室内配线及电器设备安装应有助于建筑物的美化。

（5）经济。在保证安全、可靠、方便、美观的前提下，应考虑其经济性，做到合理施工，节约资金。

3. 配线施工工序

（1）定位画线。根据施工图纸确定电器安装位置、线路敷设途径、线路支持件及导线穿过墙壁和楼板的位置等。

（2）预埋支持件。在土建抹灰前对线路所有固定点处应打好孔洞，并预埋好支持件。

（3）装设绝缘支持物、线夹、导管。

（4）敷设导线。

（5）安装灯具、开关及电器设备等。

（6）测试导线绝缘、连接导线。

（7）校验、自检、试通电。

（二）线槽配线

1. 金属线槽配线　金属线槽多由厚度为 0.4~1.5mm 的钢板制成，其配线的规定如下：

（1）金属线槽配线一般适用于正常环境的室内场所明配，但不适用于有严重腐蚀的场所。具有槽盖的封闭式金属线槽，其耐火性能与钢管相似，可敷设在建筑物的顶棚内。

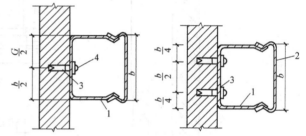

图 5-14　金属线槽墙上安装示意图
1—金属线槽　2—槽盖　3—塑料胀管　4—8×35 半圆头木螺栓

（2）金属线槽施工时，线槽的连接应连续无间断；每节线槽的固定点不应少于两个；应在线槽的连接处，线槽首端、终端，进出接线盒，转角处设置支转点（支架或吊架）。线槽敷设应平直整齐。金属线槽在墙上安装如图 5-14 所示。

（3）金属线槽配线不得在穿过楼板或墙壁等处进行连接。由线槽引出的线路，可采用金属管、硬塑管、半硬塑管、金属软管等配线方式。金属线槽还可采用托架、吊架等进行固定架设，如图 5-15 所示。

（4）金属线槽配线时，在线路的连接、转角、分支及终端处应采用相应的附件。

（5）导线或电缆在金属线槽中敷设时应注意：

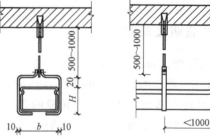

图 5-15　金属线槽用吊架安装

1）同一回路的所有相线和中性线应敷设在同一金属线槽内。

2）同一路径无防干扰要求的线路，可敷设在同一金属线槽内。

3）线槽内导线或电缆的总截面面积不应超过线槽内截面面积的 20%，载流导线不宜超过 30 根。当设计无规定时，包括绝缘层在内的导线总截面面积不应大于线槽截面面积的 60%。控制、信号或与其相类似的线路，导线或电缆截面面积总和不应超过线槽内截面面积的 50%。导线和电缆的根数不做限定。

（6）金属线槽应可靠接地或接零，线槽的所有非导电部分的铁件均应相互连接，使线槽本身有良好的电气连续性，但不作为设备的接地导体。

2. 地面内暗装金属线槽配线　地面内暗装金属线槽配线是一种新型的配线方式。该配线方式是将电线或电缆穿在经过特制的壁厚为 2mm 的封闭式金属线槽内，直接敷设在混凝土地面内、现浇钢筋混凝土楼板中或预制混凝土楼板的垫层内。暗装金属线槽组合安装如图 5-16 所示。

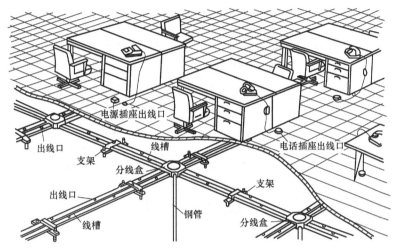

图 5-16　地面内暗装金属线槽示意图

地面内暗装金属线槽配线的规定如下：

（1）地面内金属线槽应采用配套的附件；线槽在转角、分支等处应设置分线盒；线槽的直线段长度超过 6m 时宜加装接线盒。线槽出线口与分线盒不得突出地面，且应做好防水密封处理。金属线槽及金属附件均应镀锌。

（2）由配电箱、电话分线箱及接线端子箱等设备引至线槽的线路，宜采用金属管配线方式引入分线盒，或以终端连接器直接引入线槽。

（3）强、弱电线路应采用分槽敷设。线槽支架安装如图 5-17 所示。

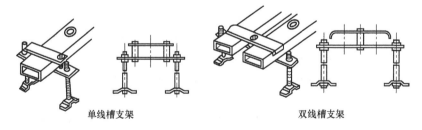

单线槽支架　　　　　　　　　双线槽支架

图 5-17　单、双线槽支架安装示意图

无论是明装还是暗装，金属线槽均应可靠接地或接零，但不应作为设备的接地导线。

3. 塑料线槽配线

塑料线槽配线适用于正常环境的室内场所，特别是潮湿及酸碱腐蚀的场所，但在高温和易受机械损伤的场所不宜使用。

塑料线槽配线的规定如下：

（1）塑料线槽必须经阻燃处理，外壁应有间距不大于 1m 的连续阻燃标记和制造厂标。

（2）强、弱电线路不应敷于同一线槽内。线槽内电线或电缆总截面面积不应超过线槽内截面面积的 20%，载流导线不宜超过 30 根。当设计无此规定时，包括绝缘层在内的导线总截面面积不应大于线槽截面面积的 60%。

（3）导线或电缆在线槽内不得有接头。分支接头应在接线盒内连接。

（4）线槽敷设应平直整齐。塑料线槽配线，在线路的连接、转角、分支及终端处应采用相应附件。

塑料线槽敷设时一般是沿墙明敷设，如图 5-18 所示。

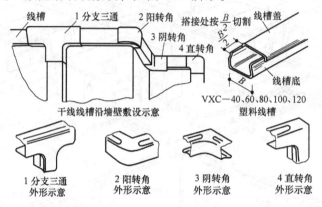

图 5-18　塑料线槽配线示意图

（三）导管配线

将绝缘导线穿在管内敷设，称为导管配线。导管配线安全可靠，可避免腐蚀性气体的侵蚀和机械损伤，更换导线方便。普遍应用于重要公用建筑和工业厂房中，以及易燃、易爆及潮湿的场所。

导管配线通常有明配和暗配两种。明配是把线管敷设于墙壁、桁架等表面明露处，要求横平竖直、整齐美观。暗配是把线管敷设于墙壁、地坪或楼板内等处，要求管路短、弯曲少，以便于穿线。

1. 导管的选择　导管的选择，应根据敷设环境和设计要求决定导管材质和规格。常用的导管有水煤气管、薄壁管、塑料管（PVC 管）、金属软管和瓷管等。

导管规格的选择应根据管内所穿导线的根数和截面面积决定，一般规定管内导线的总截面面积（包括外护层）不应超过管子截面面积的 40%。

2. 导管的加工　需要敷设的导管，应在敷设前进行一系列的加工，如除锈、涂漆、切割、套螺纹和弯曲。

（1）除锈、涂漆。为防止钢管生锈，在配管前应对管子进行除锈、刷防腐漆。钢管外壁刷漆要求与敷设方式及钢管种类有关。

1）钢管明敷时，焊接钢管应刷一道防腐漆，一道面漆（若设计无规定颜色，一般用灰色漆）。

2）埋入腐蚀土层中的钢管，应按设计规定进行防腐处理。电线管一般因为已刷防腐黑漆，故只需在导管焊接处和连接处以及漆脱落处补刷同样色漆。

（2）切割、套螺纹。在配管时，应根据实际情况对导管进行切割。导管切割时严禁用气割，应使用钢锯或电动无齿锯进行切割。导管间的连接导管和接线盒及配电箱的连接，都需要在管子端部进行套螺纹。

（3）弯曲。根据线路敷设的需要，导管改变方向需要将导管弯曲。在线路中导管弯曲多会给穿线和维护换线带来困难。因此，施工时要尽量减少弯头。为便于穿线，导管的弯曲角度一般不应大于 90°。导管弯曲，可采用弯管器、弯管机或用热揻法。

为了穿线方便，在电线管路长度和弯曲超过下列数值时，中间应增设接线盒。

1）管子长度每超过 30m，无弯曲时。

2）管子长度每超过 20m，有一个弯曲时。

3）管子长度每超过 15m，有两个弯曲时。

4）管子长度每超过 8m，有三个弯曲时。

5）暗配管两个拉线盒之间不允许出现四个弯。

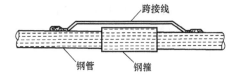

图 5-19　钢管连接处接地

3. 导管连接　钢管不论是明敷还是暗敷，一般都采用管箍连接，特别是潮湿场所及埋地和防爆导管。《建筑电气工程施工质量验收规范》中强制规定，金属导管严禁对口熔焊连接；镀锌和壁厚小于或等于 2mm 的钢导管不得套管熔焊连接。钢管采用管箍连接时，要用圆钢或扁钢作跨接线焊在接头处，使导管之间有良好的电气连接，以保证接地的可靠性，如图 5-19 所示。

跨接线焊接应整齐一致，焊接面不得小于接地线截面的 6 倍。跨接线的规格有 Φ6、Φ8、Φ10 的圆钢和 25×4 的扁钢。

钢管进入灯头盒、开关盒、接线盒及配电箱时，暗配管可用焊接固定，管口露出盒（箱）应小于 5mm；明配管应用锁紧螺母或护帽固定，露出锁紧螺母的丝扣为 2~4 扣。

塑料波纹管一般情况下很少需要连接。当必须连接时，应采用管接头连接，如图 5-20 所示。

当波纹管进入箱、盒时，必须用管接头连接。导管进接线盒操作步骤如图 5-21 所示。

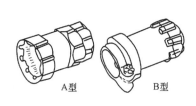

图 5-20　管接头示意图

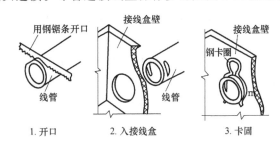

1. 开口　2. 入接线盒　3. 卡固

图 5-21　导管进入接线盒操作步骤示意图

4. 导管敷设　导管敷设一般从配电箱开始，逐段配至用电设备处，或者可从用电设备端开始，逐段配至配电箱处。

（1）暗配管。钢管暗设施工程序如下：

熟悉图纸→选管→切断→套螺纹→揻弯→按使用场所刷防腐漆→进行部分管与盒的连接→配合土建施工逐层逐段预埋管→管与管和管与盒（箱）连接→接地跨接线焊接。

在现浇混凝土构件内敷设导管，可用铁丝将导管绑扎在钢筋上，或用钉子将导管钉在木模板上，将管子用垫块垫起，用铁线绑牢，如图 5-22 所示。

当电线管路遇到建筑物伸缩缝、沉降缝时，必须相应

图 5-22　木模板上导管的固定方法

作伸缩、沉降处理。一般是软管补偿或装设补偿盒，如图 5-23 所示。

（2）明配管。明配管应排列整齐、美观，固定点间距均匀。导管进接线盒如图 5-24 所示，明配钢导管应采用螺纹连接。

明配钢导管经过建筑物伸缩缝时，可采用软管进行补偿。硬塑料管沿建筑物表面敷设时，在直线段上每隔 30m 要装设一只温度补偿装置，以适应其膨胀性。

明配硬塑料管在穿楼板易受机械损伤的地方应用钢管保护，其保护高度距楼板面不应低于 500mm。

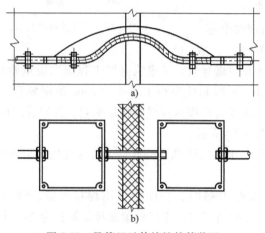

图 5-23　导管经过伸缩缝补偿装置
a）软管补偿　b）装设补偿盒补偿

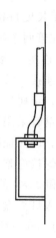

图 5-24　导管进接线盒

5. 扫管穿线　管内穿线工作一般应在导管全部敷设完毕及土建地坪和粉刷工程结束后进行。在穿线前应将管中的积水及杂物清除干净。

《建筑电气工程施工质量验收规范》中对穿线有明确规定：

（1）不同回路、不同电压等级和交流与直流的电线，不应穿于同一导管内；同一交流回路的电线应穿于同一金属导管内，且管内电线不得有接头。

（2）有爆炸危险的环境，照明线路的电线和电缆额定电压不得低于 750V，且电线必须穿于钢导管内。

（3）电线、电缆穿管前，应清除管内杂物和积水。管口应有保护措施。不进入接线盒（箱）的垂直管口穿入电线、电缆后，管口应密封。

第三节　防雷与接地装置

雷电是在自然界大气层中、在特定条件下形成的自然现象。雷云对地面泄放电荷的现象称为雷击。雷击产生的破坏力极大，它对地面上的建筑物、电气线路、电气设备和人身都可能造成直接或间接的危害，因此必须采取适当的防范措施。

雷电的危害方式主要有直击雷、雷电感应和雷电波侵入等方式。

直击雷就是雷云直接通过建筑物或地面设备对地放电的过程。强大的雷电流通过建筑物产生大量的热，使建筑物产生劈裂等破坏，还能产生过电压破坏绝缘、产生火花、引起燃烧和爆炸等。其危害程度在三种方式中最大。

雷电感应是附近有雷云或落雷所引起的电磁作用的结果，分为静电感应和电磁感应两种。静电感应是由于雷云靠近建筑物，使建筑物顶部由于静电感应积聚起极性相反的电雷云对地放电后，这些电荷来不及流散入地，因而形成很高的对地电位，能在建筑物内部引起火花；电磁感应是当雷电流通过金属导体入地时，形成迅速变化的强大磁场，能在附近的金属导体内感应出电势，而在导体回路的缺口处引起火花，发生火灾。

雷电波侵入是指当架空线路在直接受到雷击或因附近落雷而感应出过电压时，如果在中途不能使大量电荷入地，就会侵入建筑物内，破坏建筑物和电气设备。

在建筑电气设计中，把民用建筑按照防雷等级分为三类。第一类防雷建筑物是指具有特别重要用途和重大政治意义的建筑物、高度超过 100m 或 40 层以上的超高建筑物、国家级重点文物保护的建筑物；第二类防雷建筑物是指重要的或人员密集的大型建筑物、省级重点文件保护的建筑物或构筑物、19 层及以上的住宅建筑物和高度超过 50m 的其他民用建筑物；第三类防雷建筑物是不属于第一类和第二类的建筑物、建筑群中高于其他建筑物或处于建筑物边缘地带的高度为 20m 以上的民用建筑物。

一、防雷装置的组成及其安装

建筑物的防雷装置由接闪器、引下线和接地装置三部分组成。

1. 接闪器　接闪器是吸引和接受雷电流的金属导体，常见接闪器的形式有避雷针、避雷带、避雷网或金属屋面等。

避雷针通常由钢管制成，针尖加工成锥体。当避雷针较高时，则加工成多节，上细下粗，固定在建筑物或构筑物上。

避雷带一般安装在建筑物的屋脊、屋角、屋檐、山墙等易受雷击或建筑物要求美观、不允许装避雷针的地方。避雷带由直径不小于 $\phi8mm$ 的圆钢或截面面积不小于 $48mm^2$ 并且厚度不小于 4mm 的扁钢组成，在要求较高的场所也可以采用 $\phi20mm$ 镀锌钢管。装于屋顶四周的避雷带，应高出屋顶 100～150mm，砌外墙时每隔 1.0m 预埋支持卡子，转弯处支持卡子间距 0.5m。装于平面屋顶中间的避雷网，为了不破坏屋顶的防水、防寒层，需现场制作混凝土块，做混凝土块时也要预埋支持卡子，然后将混凝土块每间隔 1.5～2m 摆放在屋顶需装避雷带的地方，再将避雷带焊接或卡在支持卡子上。避雷带在建筑物上的安装方法如图5-25所示。

避雷网是在屋面上纵横敷设由避雷带组成的网络形状导体。高层建筑常把建筑物内的钢筋连接成笼式避雷网，如图 5-26 所示。

2. 引下线　引下线的作用是将接闪器收到的雷电流引至接地装置。引下线一般采用不小于 $\phi8mm$ 的圆钢或截面面积不小于 $48mm^2$ 并且厚度不小于 4mm 的扁钢，烟囱上的引下线宜采用不小于 $\phi12mm$ 的圆钢或截面面积不小于 $100mm^2$ 并且厚度不小于 4mm 的扁钢。

引下线的安装方式可分为明敷设和暗敷设。明敷设是沿建筑物或构筑物外墙敷设，如外墙有落水管，可将引下线靠落水管安装，以利美观。暗敷设是将引下线砌于墙内或利用建筑物柱内的对角主筋可靠焊接而成。其做法如图 5-27 所示。

建筑物上至少要设两根引下线，明设引下线距地面 1.5～1.8m 处装设断接卡子（一般不少于两处）。若利用柱内钢筋作引下线时，可不设断接卡子，但距地面 0.3m 处设连接板，

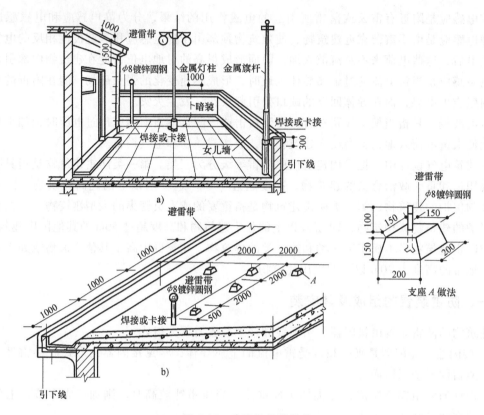

图 5-25　建筑物的避雷带

a）有女儿墙平屋顶避雷带　b）无女儿墙平屋顶避雷带

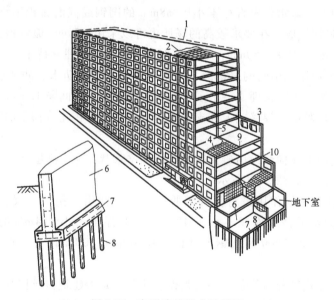

图 5-26　高层建筑笼式避雷网

1—周圈式避雷带　2—屋面板钢筋　3—外墙板　4—各层楼板钢筋

5—内纵墙板　6—内横墙板　7—承台梁　8—基柱

9—内墙板连接节点　10—内外墙板钢筋连接点

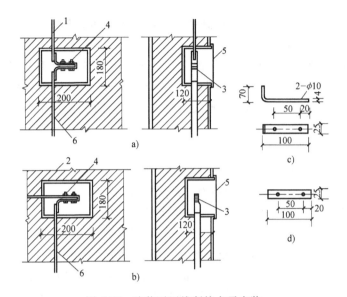

图 5-27　暗装引下线断接卡子安装

a）专用暗装引下线　b）利用柱内主筋作引下线　c）连接板　d）垫板

1—专用引下线　2—至柱筋引下线　3—断接卡子

4—M10×30 镀锌螺栓　5—断接卡子箱　6—接地线

以便测量接地电阻。明设引下线从地面以下 0.3m 至地面以上 1.7m 处应套保护管。

3. 接地装置　接地装置的作用是接收引下线传来的雷电流，并以最快的速度泄入大地。接地装置由接地极和接地母线组成。接地母线是用来连接引下线和接地体的金属线，常用截面不小于 25mm×4mm 的扁钢。图5-28 为接地装置示意图。其中接地线分接地干线和接地支线，电气设备接地的部分就近通过接地支线与接地网的接地干线相连接。接地装置的导体截面，应符合热稳定和机械强度的要求。

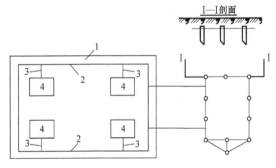

图 5-28　接地装置示意图

1—接地体　2—接地干线　3—接地支线　4—电气设备

接地体分为自然接地体和人工接地体。自然接地体是利用基础内的钢筋焊接而成；人工接地体是人工专门制作的，又分为水平和垂直接地体两种。水平接地体是指接地体与地面水平，而垂直接地体是指接地体与地面垂直。人工接地体水平敷设时一般用扁钢或圆钢，垂直敷设时一般用角钢或钢管。

为减少相邻接地体的屏蔽作用，垂直接地体的间距不宜小于其长度的 2 倍，水平接地体的相互间距可根据具体情况确定，但不宜小于 5m。垂直接地体长度一般不小于 2.5m，埋深不应小于 0.6m，距建筑物出入口或人行道或外墙不应小于 3m。

二、接地系统

1. 接地的主要内容　接地包括供电系统接地、信息系统接地、防雷接地、防电化学腐蚀接地以及特殊设备与特殊环境设备的接地等。接地处理的正确与否，对防止人身遭受电击、减小财产损失和保障电力系统、信息系统的正常运行都很重要。

2. 低压配电系统的接地形式

（1）低压配电系统的接地形式及其含义。低压配电系统系指 1kV 以下交流电源系统。我国低压变配电系统接地制式采用国际电工委员会（EEC）标准，即 TN、TT、IT 三种接地制式，在 TN 接地制式中，因 N 线和 PE 线组合方式的不同，又分为 TN—C、TN—S、TN—C—S 三种，其中各字母的含义如下：

第一个字母表示电源端与地的关系：

T——电源端有一点直接接地；

I——电源端所有带电部分不接地或有一点通过高阻抗接地。

第二个字母表示电气装置的外露可导电部分与地的关系：

T——电气装置的外露可导电部分直接接地，此接地点在电气上独立于电源端的接地点；

N——电气装置的外露可导电部分与电源端接地点有直接电气连接。

（2）TN 系统。低压电源端有一点（通常是配电变压器的中性点）直接接地，电气设备的外露可导电部分（如金属外壳）通过保护线与该接地点相连，这种连接方式称为 TN 系统。

TN 系统又可分为以下几种。

1）TN—S 系统。在 TN—S 系统中，整个系统的中性线（N 线）和保护线（PE 线）是分开的，如图 5-29 所示。因为 TN—S 系统可装有漏电保护开关，有良好的漏电保护性能，所以在高层建筑或公共建筑中得到广泛应用。

2）TN—C 系统。在 TN—C 系统中，整个系统的中性线（N 线）与保护线（PE 线）是合一的，称为 PEN 线，如图 5-30 所示。TN—C 系统就是通常所说的保护接零系统。该系统应用在三相负荷基本平衡的工业企业中。但对供电给数据处理设备和电子仪器设备的配电系统，不宜采用 TN—C 系统。

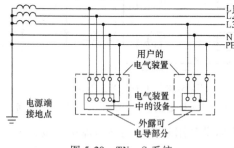

图 5-29　TN—S 系统

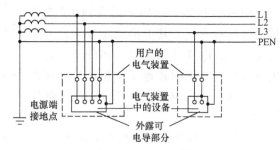

图 5-30　TN—C 系统

3）TN—C—S 系统。TN—C—S 系统中前一部分线路的中性导体和保护导体是合一的，而后一部分将 PEN 线分为中性线（N 线）和保护线（PE 线），如图 5-31 所示。

在民用建筑及工业企业中，若采用 TN—C 系统作为进线电源，进入建筑物时把电源线路中的 PEN 线分为中性线（N 线）和保护线（PE 线），这种系统线路简单经济，同时 PEN 分开后，建筑物内有专用的保护线（PE

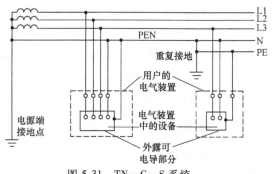

图 5-31　TN—C—S 系统

线），具有 TN—S 系统的特点，因此，该系统是民用建筑中常用的接地形式。

（3）TT 系统。电源端有一点（一般是配电变压器的中性点）直接接地，用电设备的外露可导电部分通过保护线接到与电源端接地点无电气联系的接地极上，这种形式称为 TT 系统（保护接地系统），如图 5-32 所示。

由于用电设备外壳用单独的接地极接地，与电源的接地极无电气上的联系，因此，TT 系统适用于对接地要求较高的电子设备的供电。

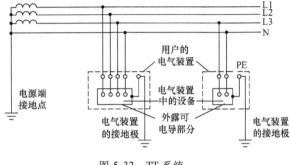

（4）IT 系统。电源端的带电部分（包括中性线）不接地或有一点通过高阻抗接地，电气装置的外露可导电部分通过 PE 线接到接地极，如图 5-33 所示。IT 系统适用于环境条件较差，容易发生

图 5-32　TT 系统

一相接地或有火灾爆炸危险的地点，如煤矿等易爆场所。

选择时可根据建筑物不同功能和要求，确定低压配电系统合适的接地形式，以达到安全可靠和经济实用的目的。

3. 建筑物的等电位连接

在电气装置或某一空间内，将所有金属可导电部分，以恰当的方式互相连接，使其电位相等或相近，从而消除或减小各部分之间的电位差，有效地防止人身遭受电击、电气火灾等事故的发生，此类连接称为等电位连接。

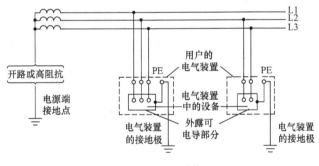

图 5-33　IT 系统

（1）等电位连接的作用。所有的电气灾害，均不是因为电位高或电位低引起的，而是由于电位差的原因引起放电。人身遭受电击、电气火灾、电气信息设备的损坏等，其主要原因都是由于有了电位差引起放电造成的。

为了防止上述事故的发生，如何消除电位差或减小电位差是最有效的措施。采用等电位连接的方法，能有效地消除或减小电位差，使设备及人员获得安全防范保护。

（2）等电位连接的分类。等电位连接分为总等电位连接（代号为 MEB），辅助等电位连接（代号为 SEB），局部等电位连接（代号为 LEB）。

总等电位连接（MEB）是指在建筑物的电气装置范围内，将其建筑物构件、各种金属管道、电气系统的保护接地线（PE 线）和人工或自然接地装置通过总电位连接端子板互相连接，以降低建筑物内间接接触电压和不同金属部件间的电位差，并消除自建筑物外经电气

线路和各种金属管道以及金属件引入的危险故障电压的危害。

辅助等电位连接（SEB）是指将两个或几个可导电部分进行电气连通，直接作等电位连接，使其故障接触电压降至安全限制电压以下。辅助等电位连接线的最小截面面积为：有机械保护时，采用铜导线为 $2.5mm^2$，采用铝导线时为 $4mm^2$；无机械保护时，铜、铝导线均为 $4mm^2$；采用镀锌材料时，圆钢截面直径为 10mm，扁钢为 20mm×4mm。

局部等电位连接（LEB）是指在某一个局部范围内，通过局部等电位端子板将多个辅助等电位连接。

（3）低压接地系统对等电位连接的要求。

1）建筑物内的总等电位连接导体应与下列可导电部分互相连接：①保护线干线、接地线干线；②金属管道，包括自来水管、燃气管、空调管等；③建筑结构中的金属部分，以及来自建筑物外的可导电体；④来自建筑物外的可导电体，应在建筑物内尽量靠近入口处与等电位连接导体连接。

2）建筑物内的辅助等电位连接应与下列可导电部分互相连接：①固定设备的所有能同时触及的外露可导电部分；②设备或插座内的保护导体；③装置外的可导电部分，建筑物结构主筋。

等电位连接的电阻要求是，等电位连接端子板与其连接范围内的金属体末端间电阻不大于 3Ω，并且使用后要定期测试。

（4）等电位连接与接地的关系。接地一般是指电气系统、电气设备可导电金属外壳、电气设备外可导电金属件等，用导体与大地相连接，使其被连接部分与大地电位相等或相近，故等电位连接应该接地。根据不同要求，等电位连接也可不与大地连接。如在某一局部区域内，对地电阻在 $50M\Omega$ 以上，此时其等电位连接系统不接地也是安全的。又如，车载发电机及其供电设备、飞机等，其等电位连接指与其机架、机壳的连接，使其在此空间及平面范围内不存在电位差，达到安全的目的。

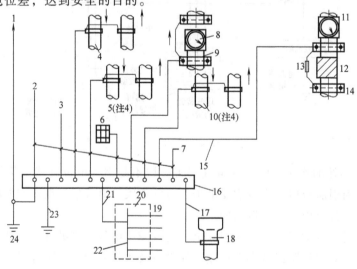

图 5-34 总等电位连接系统图

1—避雷接闪器 2—天线设备 3—电信设备 4—采暖管 5—空调管

6—建筑物金属结构 7—其他需要连接的部件 8—水表 9—总给水管 10—热水管

11—煤气表 12—绝缘段（煤气公司确定） 13—火花放电间隙（煤气公司确定）

14—总煤气管 15、17、21—MEB 线 16—MEB 端子板（接地母排） 18—地下总水管

19、22—PE 母线 20—总进线配盘 23—接地 24—避雷接地

（5）须做等电位连接的情况。大中型建筑物都应设总等电位连接。对于多路电源进线的建筑物，每一电源进线都须做各自的总等电位连接，所有总等电位连接系统之间应就近互相连通，使整个建筑物电气装置处于同一电位水平。总等电位连接系统，如图5-34所示。等电位连接线与各种管道连接时，抱箍时管道的接触表面应清理干净，抱箍内径等于管道外径，其大小依管道大小而定。

需在局部场所范围内作多个辅助等电位连接时，可通过局部等电位连接端子板将PE母线、PE干线或公用设施的金属管道等互相连通，实现局部范围内的多个辅助等电位连接，称为局部等电位连接。通过局部等电位连接端子板将PE母线或PE干线、公用设施的金属管道、建筑物金属结构等部分互相连通。

通常在下列情况须做局部等电位连接、网络阻抗过大，使自动切断电源时间过长；不能满足防电击要求；为满足浴室、游泳池、医院手术室、农牧业等场所对防电击的特殊要求；为满足防雷和信息系统抗干扰的要求。例如，卫生间的局部等电位连接是把卫生间内所有的金属构件（地漏、水暖管、便器、卫生器具以及墙体等）部分均与LEB端子板相连接。卫生间局部等电位连接如图5-35所示。

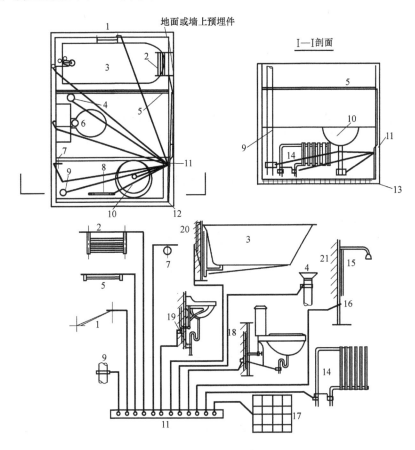

图5-35　卫生间局部等电位连接

1—金属扶手　2—浴巾架　3—浴盆　4—金属地漏　5—浴帘杆　6—便器　7—毛巾环
8—暖气片　9—水管　10—洗脸盆　11—LEB端子板　12—地面上预埋件　13—钢筋
14—采暖管　15—淋浴　16—给水管　17—建筑物侧箍间　18、19、20、21—墙

第四节　建筑电气施工图

　　建筑电气施工图是电气照明设计方案的集中表现，也是电气照明工程施工的主要依据。建筑电气施工图又是整个建筑工程施工图的一部分，不仅电气施工人员要使用，而且土建、装饰的施工人员，为了掌握整个工程的施工情况，也必须具备阅读电气施工图的能力，这样才能在施工过程中做到各工种之间的密切配合和相互协调。

一、建筑电气施工图的组成及内容

　　建筑电气施工图的组成主要包括：图样目录、设计说明、图例材料表、系统图、平面图和安装大样（详图）等。

　　1. 图样目录　图样目录的内容是：图样的组成、名称、张数、图号顺序等，制做图样目录的目的是便于查找。

　　2. 设计说明　设计说明主要阐明单项工程的概况、设计依据、设计标准以及施工要求等，主要是补充说明图样上不能利用线条、符号表示的工程特点、施工方法、线路、材料及其他注意事项。

　　3. 图例材料表　主要设备及器具在表中用图形符号表示，并标注其名称、规格、型号、数量、安装方式等。

　　4. 系统图　系统图是表明供电分配回路的分布和相互联系的示意图。具体反映配电系统和容量分配情况、配电装置、导线型号、导线截面、敷设方式及穿管管径，控制及保护电器的规格及型号等。系统图分为照明系统图、动力系统图、消防系统图、电话系统图、有线电视系统图、综合布线系统图等。

　　5. 平面图　平面图是表示建筑物内各种电气设备、器具的平面位置及线路走向的图样。平面图包括干线平面图、照明平面图、动力平面图、防雷接地平面图、电话平面图、有线电视平面图、综合布线平面图等。

　　6. 详图　详图是用来表现设备安装方法的图样，详图多采用全国通用电气装置标准图集。

二、建筑电气施工图的图例符号及文字符号

　　建筑电气施工图上的各种电气元件及线路敷设均是用图例符号来表示，识图的基础是首先明确和熟悉有关电气图例符号所表达的内容和含义。常用电气图线形式及应用见表5-8。

表 5-8　图线形式及应用

图线名称	图线形式	图线应用	图线名称	图线形式	图线应用
粗实线	——————	电气线路，一次线路	点画线	——·——·——	控制线
细实线	——————	二次线路，一般线路	双点画线	——··——··——	辅助围框线
虚　线	- - - - - - - -	屏蔽线路，机械线路			

　　1. 常用电气图例符号　常用电气图例符号见表5-9。

　　2. 线路敷设方式文字符号　线路敷设方式文字符号见表5-10。

　　3. 线路敷设部位文字符号　线路敷设部位文字符号见表5-11。

　　4. 标注线路用途文字符号　标注线路用途文字符号见表5-12。

表 5-9　常用电气图例符号

图例	名称	备注	图例	名称	备注
	双绕组变压器	形式1 形式2		熔断器式隔离开关	
				避雷器	
	三绕组变压器	形式1 形式2	MDF	总配线架	
			IDF	中间配线架	
	电流互感器	形式1 形式2		壁龛交接箱	
				分线盒的一般符号	
	电压互感器	形式1 形式2		室内分线盒	
				室外分线盒	
	屏、台、箱、柜一般符号			灯的一般符号	
	动力或动力—照明配电箱			球型灯	
	照明配电箱(屏)			顶棚灯	
	事故照明配电箱(屏)			花灯	
	电源自动切换箱(屏)			弯灯	
	隔离开关			单管荧光灯	
	接触器(在非动作位置触点断开)			三管荧光灯	
	断路器		5	五管荧光灯	
	熔断器一般符号			壁灯	
	熔断器式开关				

（续）

图例	名称	备注	图例	名称	备注
	广照型灯（配照型灯）			插座箱（板）	
	防水防尘灯		A	指示式电流表	
	开关一般符号		V	电压表	
	单极开关（明装）		cosφ	功率因数表	
	单极开关（暗装）		Wh	电度表（瓦时计）	
	双极开关（明装）			电信插座的一般符号 可用以下的文字或符号 区别不同插座 TP—电话 FX—传真 M—传声器 FM—调频 TV—电视 —扬声器	
	双极开关（暗装）				
	三极开关（明装）				
	三极开关（暗装）				
	单相插座			单极限时开关	
	暗装插座			调光器	
	密闭（防水）插座			钥匙开关	
	防爆插座			电铃	
	带保护接点插座（明装）			天线一般符号	
	带保护接点插座（暗装）			放大器一般符号	
	带保护接点插座（防水）			分配器，两路，一般符号	
	带保护接点插座（防爆）			三路分配器 注:圆点表示较高电平的输出	
	带接地插孔的三相插座（明装）				
	带接地插孔的三相插座（暗装）			四路分配器	

（续）

图例	名称	备注	图例	名称	备注
—□	匹配终端		EL	应急疏散照明灯	
σ	传声器一般符号		◑	消火栓	
◁	扬声器一般符号		——	电线、电缆、母线、传输通路、一般符号	
⬦	感烟探测器		⫽⫽⫽	三根导线	
⬦	感光火灾探测器		—⁄— 3	三根导线	
⊠	气体火灾探测器（点式）		—⁄— n	n 根导线	
CT	缆式线型定温探测器		—⁄—⁄—⁄—	接地装置	
⊡	感温探测器		—⁄—⁄—	（1）有接地极	
Y	手动火灾报警按钮			（2）无接地极	
⬦	水流指示器		——F——	电话线路	
★	火灾报警控制器		——V——	视频线路	
☎	火灾报警电话机（对讲电话机）		——B——	广播线路	
EEL	应急疏散指示标志灯				

表 5-10　线路敷设方式文字符号

敷设方式	新符号	旧符号	敷设方式	新符号	旧符号
穿焊接钢管敷设	SC	G	电缆桥架敷设	CT	
穿电线管敷设	TC	DG	金属线槽敷设	MR	GC
穿硬塑料管敷设	PC	VG	塑料线槽敷设	PR	XC
穿聚氯乙烯半硬管敷设	FPC	RVG	直埋敷设	DB	
穿聚氯乙烯塑料管波纹管敷设	KPC		电缆沟敷设	TC	
穿金属软管敷设	CP		混凝土排管敷设	CE	
穿扣压式薄壁钢管敷设	KBG		钢索敷设	M	

表 5-11　线路敷设部位文字符号

敷设方式	新符号	旧符号	敷设方式	新符号	旧符号
沿或跨梁（屋架）敷设	BC	LM	暗敷设在墙内	WC	QA
暗敷设在梁内	BC	LA	沿顶棚或顶板面敷设	CE	PM
沿或跨柱敷设	CLE	ZM	暗敷设在屋面或顶板内	CC	PA
暗敷设在柱内	CLC	ZA	吊顶内敷设	SCE	
沿墙面敷设	WE	QM	地板或地面暗敷设	F	DA

表 5-12 标注线路用途文字符号

名 称	常用文字符号			名 称	常用文字符号		
	单字母	双字母	三字母		单字母	双字母	三字母
控制线路		WC		电力线路		WP	
直流线路		WD		广播线路		WS	
应急照明线路	W	WE	WEL	电视线路	W	WV	
电话线路		WF		插座线路		WX	
照明线路		WL					

（1）线路的文字标注基本格式为

$$ab—c（d×e+f×g）i—jh$$

其中　a——线缆编号；

　　　b——型号；

　　　c——线缆根数；

　　　d——线缆芯数；

　　　e——线芯截面面积；

　　　f——PE、N 线根（芯）数；

　　　g——线芯截面面积；

　　　i——线路敷设方式；

　　　j——线路敷设部位；

　　　h——线路敷设安装高度。

上述字母无内容时则省略。

【例1】　BV—4×35+1×16SC50—F 表示有 4 根截面面积为 35mm^2 和 1 根截面面积为 16mm^2 铜芯塑料绝缘线穿直径为 50mm 的水煤气钢管沿地暗敷设。

【例2】　VV_{22}—（4×120）SC100—F 表示铜芯聚氯乙烯内护套、双钢带铠装、聚氯乙烯外护套 3 芯、每芯截面面积 25mm^2、1 芯截面面积 16mm^2 的铜芯电力电缆穿直径 100mm 和钢管直埋敷设。

（2）用电设备的文字标注格式为

$$\frac{a}{b}$$

其中　a——设备编号；

　　　b——额定功率（kW）。

（3）照明灯具的文字标注格式为

$$a—b\,\frac{c×d×L}{e}f$$

其中　a——同一个平面内，同种型号灯具的数量；

　　　b——灯具的型号；

　　　c——每套灯具中光源的数量；

d——每个光源的额定功率（W）；

e——安装高度，当吸顶或嵌入安装时用"—"表示；

f——安装方式；

L——光源种类（常省略不标）。

三、电气施工图

（一）照明系统

1. 工程概况

（1）本工程为办公楼，共五层，建筑面积 $2278m^2$，高度为 21.2m，建筑结构为框架结构。本工程为三级负荷：$P_e=123kW$，$P_{jx}=123kW$，$P_{ejx}=220A$，$\cos\varphi=0.85$，$K_x=0.5$。

（2）照明配电箱为非标铁制配电箱，箱体尺寸最终由开关厂确定，箱体距地 1.6m 暗设。

（3）总等电位箱在 AM 箱下面距地 0.5m。

（4）开关距地 1.3m，安全型插座距地 0.4m，空调插座分别距地 2.4m（挂式）和 0.4m（柜式）。

（5）管线敷设。所有管线规格及敷设方式详见施工图，管路通过变形缝需加补偿装置。

（6）本工程为三类防雷。

2. 供电系统图　本工程采用 $YJLV_{22}$，即交联聚乙烯绝缘、聚氯乙烯内护套双钢带铠装、聚氯乙烯外护套铜芯电力电缆直埋入户，入户处加镀锌钢管保护，电缆埋深 1.1m。AW 为电源进线计量柜，入户处做重复接地；AL 为配线柜，AL1～AL5 均为 AL 箱配出。由 AL 至 AL1 采用 BV—5×16 穿直径为 32mm 钢管沿墙沿地暗设。配电系统图如图 5-36、图 5-37 所示。

3. 照明平面图　AL1 共分 15 个回路：W3 至 W8 为照明回路，采用 BV—2×2.5 穿 PVC16 沿墙、楼板内暗设；W11、W15 为备用回路；W12、W13、W14 为安全型插座，距地 0.4m，其余均为空调插座，挂式距地 2.4m，柜式距地 0.4m。所有插座回路配 BV—3×4 穿 PVC20 沿墙、楼板内暗敷设。

防水防尘灯、天棚灯、门厅吸顶灯均吸顶安装，配 20W 节能灯；双管荧光灯吊杆安装；开关选用单控单联、双联、三联板式开关暗装。

一层照明平面图、一层插座平面图如图 5-38、图 5-39 所示。

4. 防雷接地平面图　屋面采用 φ10 镀锌圆钢做避雷带如图 5-40 所示；利用建筑物柱内两根主筋（φ16）作引下线，主筋通长焊接；凡突出屋面的金属构件、金属旗杆、金属通风管、金属屋面等均与避雷带可靠连接，1、4、8 轴分 6 处引下。引下线间距不大于 25m，所有引下线至室外地坪下 1m 处引出一根"— 40×4"热镀锌扁钢，扁钢伸出室外散水 1m 处。引下线上端与避雷带连接，下端与接地极焊接，测试点位置如 5-41 平面图所示。

本工程采用 TN—C—S 系统，电源在进户处做重复接地，与防雷接地共用接地极，要求接地电阻不大于 4Ω。接地极为建筑物基础内两根主筋通长焊接而成的基础接地网。基础工程施工完毕后，实测电阻值，如达不到设计要求，应增加人工接地极。

进入建筑物的所有金属管道、进入配电箱的 PE 线等均与总等电位（MEB）连接。

主要设备及材料见表 5-13。

表 5-13　主要设备及材料表

序号	图形符号	名　称	规格及型号	安装方式	备　注
1	■	照明配电箱	见系统图	下沿距地 1.6m 暗设	
2	MEB	总等电位箱		下沿距地 0.5m 暗设	
3	⊢——⊣	双管荧光灯	2×36W,功率因数不小于 0.9	吊杆安装	
4	⊗	防水防尘灯	配 20W 节能灯	吸顶安装	
5	●	天棚灯	配 20W 节能灯	吸顶安装	
6	◡	门厅吸顶灯	配 20W 节能灯	吸顶安装	
7	⏚	三相带接地插座（空调）	交 流 电符号 ～380V,16A	距地 0.4m 暗设	
8	⏚	单相二、三孔插座	～250V,10A	距地 0.4m 暗设	
9	K⏚	单相三孔空调插座	～250V,10A	距地 2.4m 暗设	
10	●	单联单控开关	～250V,10A	距地 1.3m 暗设	
11	●	双联单控开关	～250V,10A	距地 1.3m 暗设	
12	●	三联单控开关	～250V,10A	距地 1.3m 暗设	
13	▶◀	电话交接箱	见电施—15	下沿距地 1.6m 暗设	
14	⊠	有线电视箱	见电施—15	下沿距地 1.6m 暗设	
15	TV	电视插座	86ZD 型	距地 0.4m 暗设	
16	TO	信息插座	86ZD 型	距地 0.4m 暗设	
17	TP	电话插座	86ZD 型	距地 0.4m 暗设	

（二）弱电系统

1. 有线电视、宽带网

有线电视宽带网采用电缆直埋入户，埋深 1.1m，进户处距地 0.3m 设进户线过线盒，三层设总箱 TV1，其他层设分箱 TV2。

进户采用镀锌 SC50 保护，竖管两极用 PVC40 保护；至电视插座盒用 PVC20 保护；信息插座根据点位数量：3～4 个为 PVC25、2～3 个为 PVC20、1 个点为 PVC16 保护。

所有箱体底边距地 1.6m，用户出线盒距地 0.4m。有线电视、宽带网电话系统图如图 5-42 所示。

2. 电话系统

电话系统采用电话电缆直埋入户，埋深 1.1m。入户处穿镀锌 SC65 保护，距地 0.3m 处设过线盒，电缆进入三层交接箱 TP1 后再分配至各楼层的分线箱 TP2、TP3、TP4。由分线箱配至电话插座盒采用 PVC 管保护。电话系统图如图 5-42 所示。

一层有线电视、宽带、电话平面图如图 5-43 所示。TO、TP、TV 分别为宽带、电话和有线电视出线盒。

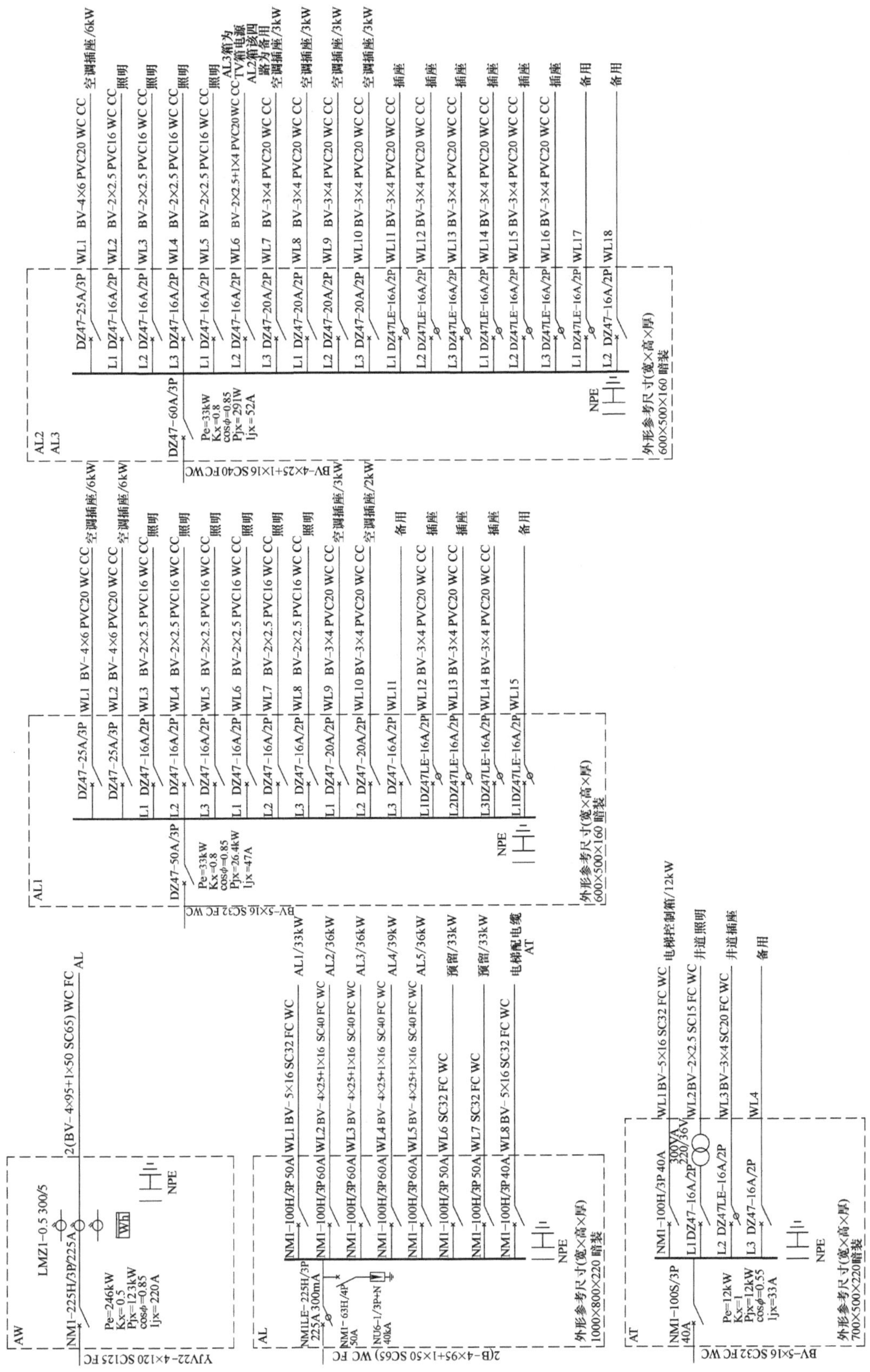

图 5-36 配电系统图（一）

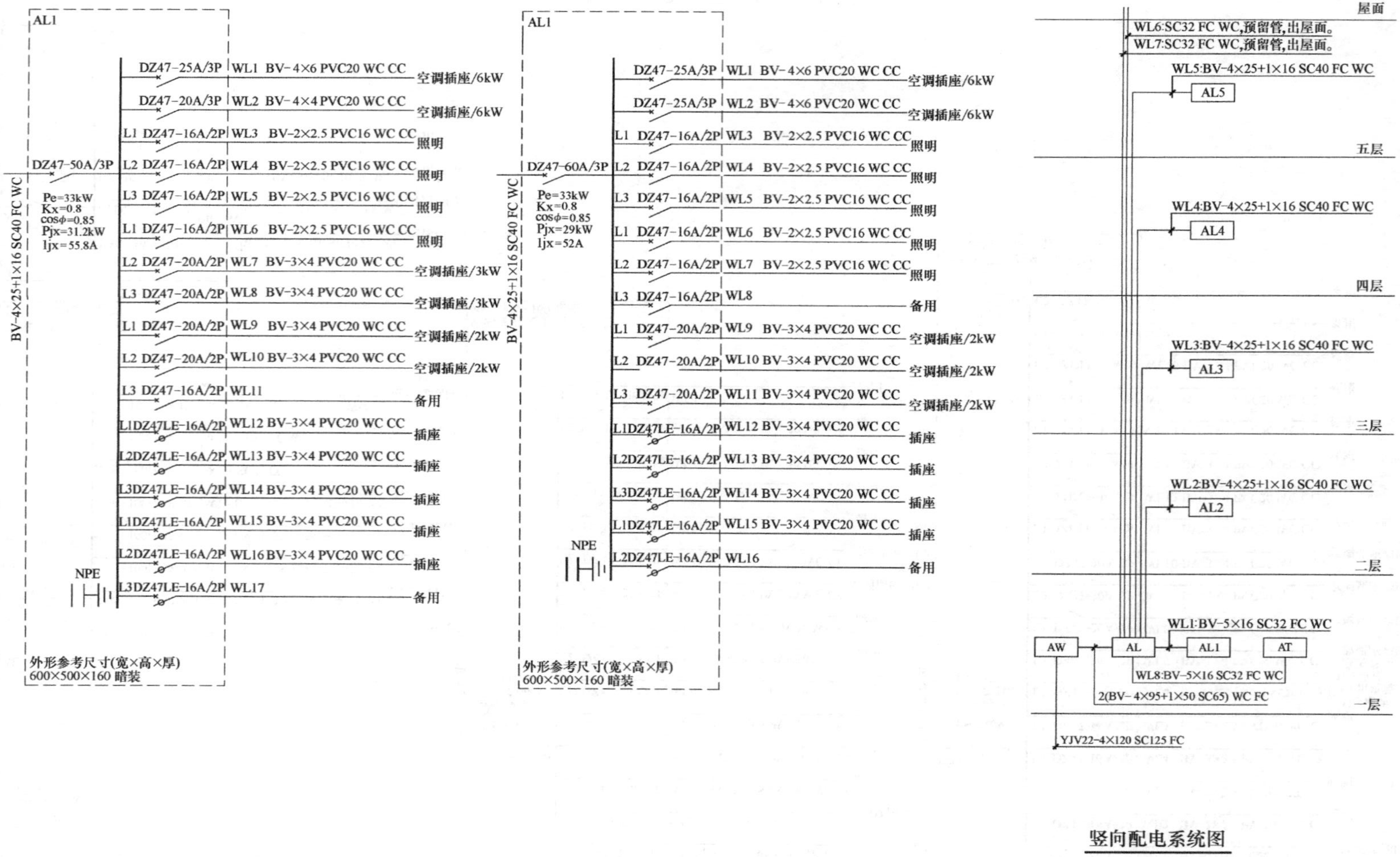
AL1
DZ47-50A/3P
BV-4×25+1×16 SC40 FC WC
Pe=33kW
Kx=0.8
cosφ=0.85
Pjx=31.2kW
Ijx=55.8A
DZ47-25A/3P WL1 BV-4×6 PVC20 WC CC 空调插座/6kW
DZ47-20A/3P WL2 BV-4×4 PVC20 WC CC 空调插座/6kW
L1 DZ47-16A/2P WL3 BV-2×2.5 PVC16 WC CC 照明
L2 DZ47-16A/2P WL4 BV-2×2.5 PVC16 WC CC 照明
L3 DZ47-16A/2P WL5 BV-2×2.5 PVC16 WC CC 照明
L1 DZ47-16A/2P WL6 BV-2×2.5 PVC16 WC CC 照明
L2 DZ47-20A/2P WL7 BV-3×4 PVC20 WC CC 空调插座/3kW
L3 DZ47-20A/2P WL8 BV-3×4 PVC20 WC CC 空调插座/3kW
L1 DZ47-20A/2P WL9 BV-3×4 PVC20 WC CC 空调插座/2kW
L2 DZ47-20A/2P WL10 BV-3×4 PVC20 WC CC 空调插座/2kW
L3 DZ47-16A/2P WL11 备用
L1DZ47LE-16A/2P WL12 BV-3×4 PVC20 WC CC 插座
L2DZ47LE-16A/2P WL13 BV-3×4 PVC20 WC CC 插座
L3DZ47LE-16A/2P WL14 BV-3×4 PVC20 WC CC 插座
L1DZ47LE-16A/2P WL15 BV-3×4 PVC20 WC CC 插座
L2DZ47LE-16A/2P WL16 BV-3×4 PVC20 WC CC 插座
L3DZ47LE-16A/2P WL17 备用
NPE
外形参考尺寸(宽×高×厚)
600×500×160 暗装
AL1
DZ47-60A/3P
BV-4×25+1×16 SC40 FC WC
Pe=33kW
Kx=0.8
cosφ=0.85
Pjx=29kW
Ijx=52A
DZ47-25A/3P WL1 BV-4×6 PVC20 WC CC 空调插座/6kW
DZ47-25A/3P WL2 BV-4×6 PVC20 WC CC 空调插座/6kW
L1 DZ47-16A/2P WL3 BV-2×2.5 PVC16 WC CC 照明
L2 DZ47-16A/2P WL4 BV-2×2.5 PVC16 WC CC 照明
L3 DZ47-16A/2P WL5 BV-2×2.5 PVC16 WC CC 照明
L1 DZ47-16A/2P WL6 BV-2×2.5 PVC16 WC CC 照明
L2 DZ47-16A/2P WL7 BV-2×2.5 PVC16 WC CC 照明
L3 DZ47-16A/2P WL8 备用
L1 DZ47-20A/2P WL9 BV-3×4 PVC20 WC CC 空调插座/2kW
L2 DZ47-20A/2P WL10 BV-3×4 PVC20 WC CC 空调插座/2kW
L3 DZ47-20A/2P WL11 BV-3×4 PVC20 WC CC 空调插座/2kW
L1DZ47LE-16A/2P WL12 BV-3×4 PVC20 WC CC 插座
L2DZ47LE-16A/2P WL13 BV-3×4 PVC20 WC CC 插座
L3DZ47LE-16A/2P WL14 BV-3×4 PVC20 WC CC 插座
L1DZ47LE-16A/2P WL15 BV-3×4 PVC20 WC CC 插座
L2DZ47LE-16A/2P WL16 备用
NPE
外形参考尺寸(宽×高×厚)
600×500×160 暗装
屋面
WL6:SC32 FC WC,预留管,出屋面。
WL7:SC32 FC WC,预留管,出屋面。
WL5:BV-4×25+1×16 SC40 FC WC
AL5
五层
WL4:BV-4×25+1×16 SC40 FC WC
AL4
四层
WL3:BV-4×25+1×16 SC40 FC WC
AL3
三层
WL2:BV-4×25+1×16 SC40 FC WC
AL2
二层
WL1:BV-5×16 SC32 FC WC
AW
AL
AL1
AT
WL8:BV-5×16 SC32 FC WC
2(BV-4×95+1×50 SC65) WC FC
一层
YJV22-4×120 SC125 FC
竖向配电系统图

图 5-37 配电系统图（二）

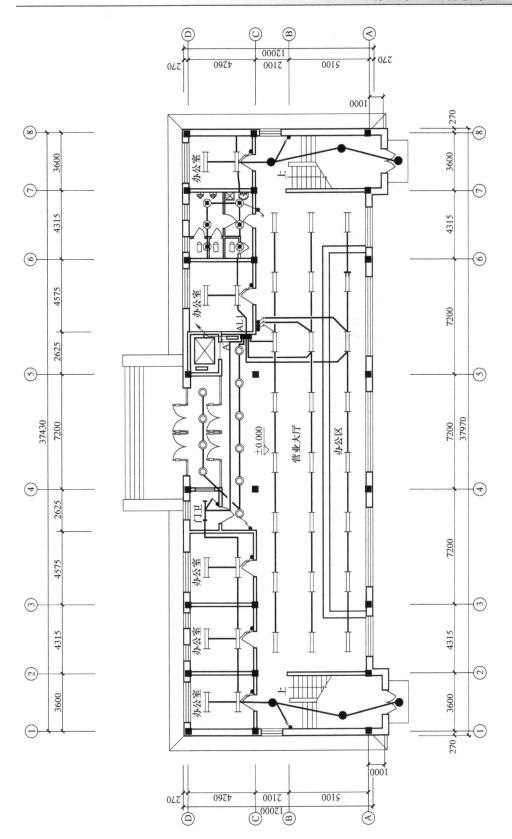

图 5-38　一层照明平面图

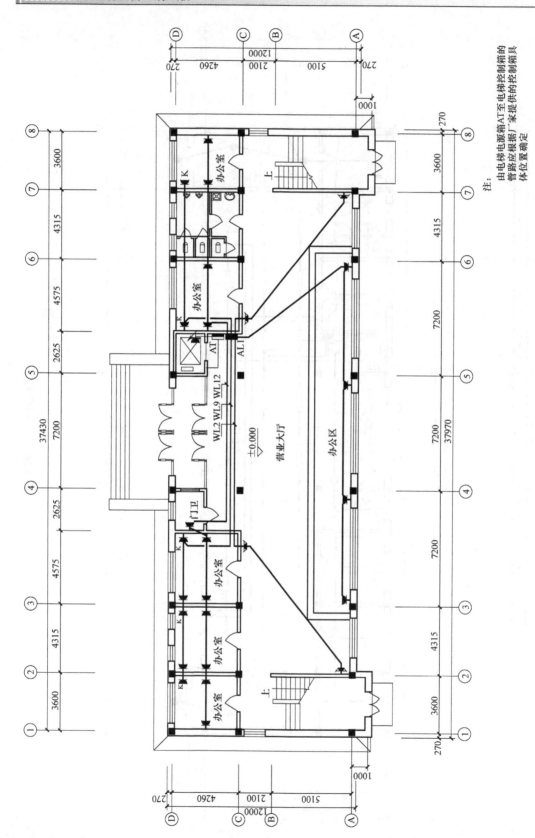

图 5-39 一层插座平面图

注:
由电梯电源箱AT至电梯控制箱的
管路应根据厂家提供的控制箱具
体位置确定

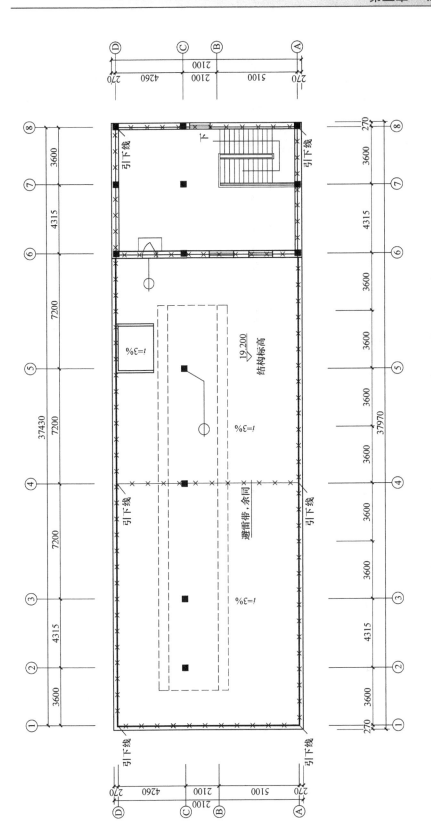

图 5-40 屋面防雷平面图

注：
1. 屋顶采用 φ10热镀锌圆钢作避雷带，避雷带连接线网格不大于20m×20m或24m×16m。
2. 引下线利用建筑物钢筋混凝土柱子内两根 φ16以上（或四根 φ10以上）主筋通长焊接或绑扎作为引下线。
3. 凡突出屋面的所有金属构件、金属旗杆、金属通风管、金属屋面等均与避雷带可靠连接。

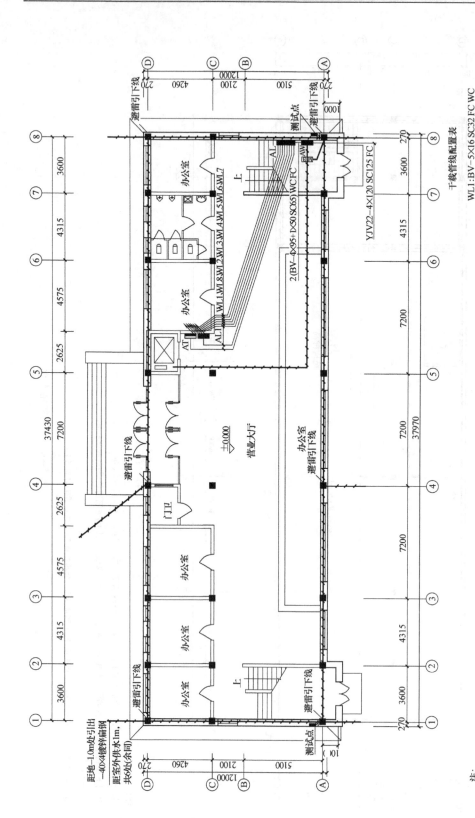

干线管线配置表

WL1:BV-5×16 SC32 FC WC
WL2:BV-4×25+1×16 SC40 FC WC
WL3:BV-4×25+1×16 SC40 FC WC
WL4:BV-4×25+1×16 SC40 FC WC
WL5:BV-4×25+1×16 SC40 FC WC
WL6:预留管至五层SC32 FC WC
WL7:预留管至五层SC32 FC WC
WL8:BV-5×16 SC32 FC WC

图5-41　配电干线及接地平面图

注:
1.总等电位箱(MEB)安装在计量箱AW下面,距地0.5m处暗设。
2.距地0.5m设接地电阻测试点(共2处),做法参见国标图集03D501-4第40页。

宽带网、有线电视设计说明

一、本办公楼有线电视、宽带网采用电缆埋地入户，埋深1.1m。在进户一层距地0.3m处设一个进户线过线盒。进户后在三层走廊设全楼总箱TV1，在其他楼层设分箱TV2。

二、进户用镀锌钢管SC50保护，竖管用两根PVC40管保护，至电视插座盒TV穿PVC20管保护，至用户信息插座盒TO的保护管根据点位数量分别为：3到4个点选用PVC25管保护，2个点选用PVC20管保护，1个点选用PVC16管保护。管路分支处设过线盒，过线盒可根据具体情况暗设在顶板或墙内。管线穿越变形缝需加补偿装置。

三、本建筑有线电视、宽带线路敷设采用暗设管网组成，箱(盒)一律采用暗装，直线敷设管和用户线管每隔20m应加过路盒，弯曲敷设的管线每段弯曲数不得超过两次，且不得有S弯。

四、设备安装高度：所有箱体安装高度统一为箱体下沿距地1.6m，用户出线盒距地0.4m。

TV1 500(w)×700(h)×180(b)

TV2 500(w)×600(h)×180(b)

五、所有箱均外接交流220V电源，所需电源由AL3箱引入，选用BV-2×2.5+1×4穿PVC20管沿墙敷设。

六、本工程由专业部门负责安装，施工做法详见LY2008D01。

七、未尽事宜按有关规范和规程执行。

电话设计说明

一、进户线：本办公楼电话电缆埋地入户，在一层距地0.3m设过线盒，进户线保护管采用镀锌钢管，电缆进入三层交接箱TP1后再次分配至各楼层的分线箱TP2、TP3、TP4。进户管线埋深1.1m。

二、室内配线：交接箱至各分线箱之间的配线选用HYA市话电缆穿PVC阻燃塑料管沿墙壁等处暗敷设，分线箱至用户盒之间选用RVB2×0.3mm²铜芯聚乙烯护套平行导线穿(PVC)硬质阻燃塑料管沿墙、楼板暗敷设，配线长度每20m或两次弯曲时以及在管线分支处应设过线盒，过线盒可根据具体情况暗设在顶板或墙内。配线与电力线路平行时间距不小于150mm，交叉时间距不小于50mm，线路的连接应采用卡接式模块及螺丝连接或焊接。

三、设备选用及安装：电话交接箱选用通用型金属结构标准型电话交接箱XF系列。该箱暗设在三层走廊墙壁内，各分线箱为通用型金属结构标准电话分线箱，该箱设在其他层走廊墙壁内，用户电话机出线盒设在各TP1-TP4。箱底边距地均为1.6m，用户出线盒TP距地0.4m，与电源插座间距不小于0.3m。

TP1(100对) 300(w)×400(h)×120(b)

TP2(50对) 300(w)×350(h)×120(b)

TP3(30对) 300(w)×300(h)×120(b)

TP4(10对) 250(w)×250(h)×120(b)

四、室内管线配置：小于或等于5对线穿PVC25管保护；小于或等于3对线穿PVC20管保护；1对线穿PVC16管保护。

五、本工程由专业部门负责安装，施工做法详见辽93D601。

六、未尽事宜按有关规范和规程执行。

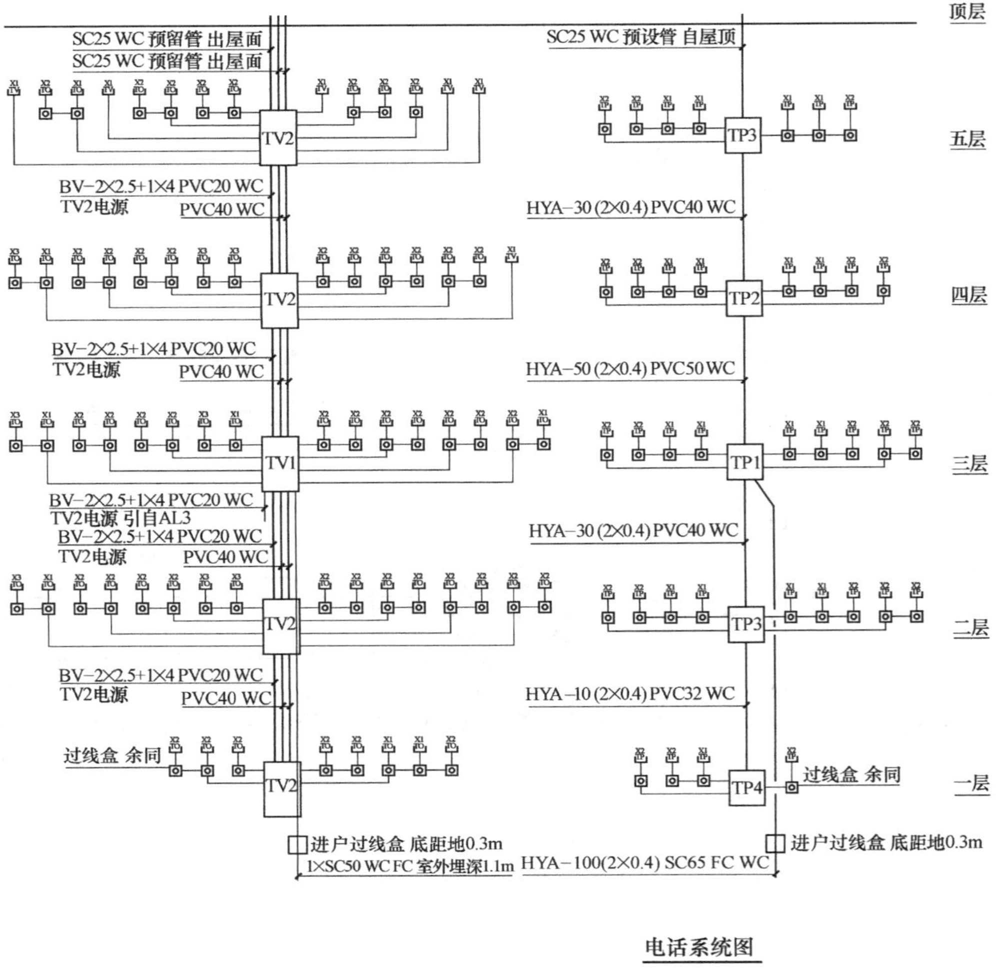

图 5-42 有线电视、宽带网、电话系统图

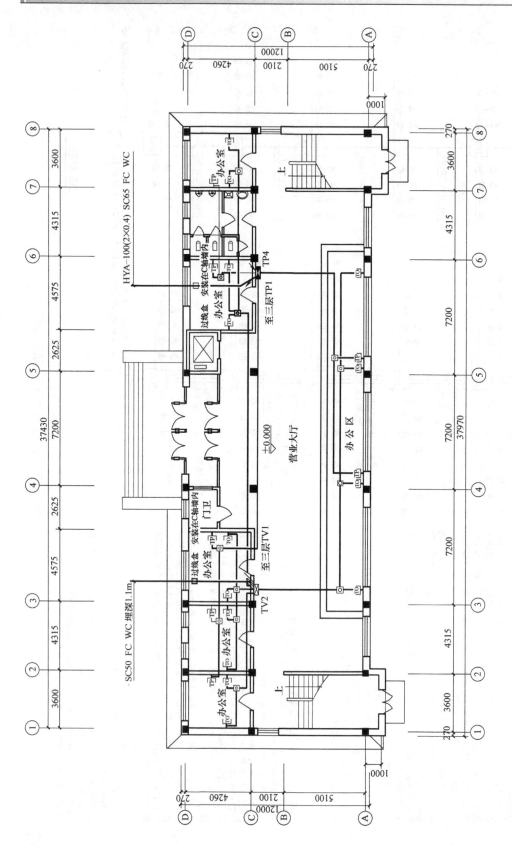

图 5-43　一层宽带网、有线电视、电话平面图

小　结

本章分电气安装工程常用材料、电器照明工程、防雷接地装置及电气工程施工图四个部分。

电气工程常用材料包括导线、电缆、绝缘材料、导线管等。导线可分为绝缘导线和裸导线；电缆按用途可分为电力电缆、控制电缆、通信电缆等；按电压可分为低压电缆、高压电缆；按绝缘材料不同分为油浸纸电缆、橡皮绝缘电缆和塑料绝缘电缆；按芯数不同分为单芯、双芯、三芯、四芯及多芯。本章主要介绍了建筑电气工程常用的导线和电缆符号、种类及适用范围。

绝缘材料分为有机绝缘材料、无机绝缘材料和混合绝缘材料。本章主要介绍各种绝缘材料的性能、特点和适用场合。

在配线施工中，为了使导线免受腐蚀和外来机械损伤，常把绝缘导线穿在导管内敷设，导线管有金属导管和绝缘导管两类。本章主要介绍各种导管规格、敷设要求及使用条件。

建筑电器照明是建筑电气主要组成部分。照明方式分为一般照明、局部照明和混合照明三种。照明种类按其功能分为正常照明、应急照明、值班照明、警卫照明、障碍照明、装饰照明和艺术照明等。本章主要介绍电气照明系统中电光源的种类，各种灯具的适用场合；灯具的安装方式、开关和插座的种类及安装要求；配电箱的种类、安装方式；室内配线的主要方式及施工要求。

雷电现象是在自然界大气层中，在特定条件下形成的。雷电危害性极大，在建筑电气设计中必须设置防雷接地装置。本章主要介绍防雷装置的组成及安装要求。

建筑物防雷装置由接闪器、引下线和接地装置三部分组成。本章主要介绍防雷要求及防雷系统组成，接闪器的主要形式及安装方式，引下线的作用及安装方式；接地系统分为供电系统接地、信息系统接地、防雷接地等。本章主要介绍接地装置的作用及安装方式，接地系统中 TN、TT、IT 系统的特点及适用范围。

电气施工图由平面图、系统图、详图、设备材料表、设计说明等部分组成。本章主要介绍各部分施工图的绘制内容，识读施工图的方法及通用图例的表示方法。

复习思考题

1. 简述铜芯橡皮线和铜芯塑料绝缘线的用途。
2. 简述电力电缆的作用、无铠装和钢带铠装电缆适用于什么场合？
3. 预制分支电缆有何特点？型号、规格如何表示？
4. 简述绝缘导管的种类和用途。
5. 简述电工常用成型钢材的种类及用途。
6. 照明方式分为哪几种？
7. 常见电光源有哪些？各用于什么场合？
8. 配电箱根据安装方式有哪几种类型？其安装要求是什么？
9. 简述钢管暗配时的施工顺序和施工要求。
10. 简述防雷装置的组成及作用。
11. 接地系统有哪几种形式？各适用于什么场合？
12. 建筑电气施工图都由哪些内容组成？
13. 举例说明线路的文字标注格式。
14. 说明图 5-40、图 5-41 中接闪器、引下线、接地装置如何敷设。

参 考 文 献

[1] 高明远，岳秀萍. 建筑设备工程 [M]. 3 版. 北京：中国建筑工业出版社，2005.

[2] 吴光林，宁掌玄. 房屋设备 [M]. 北京：煤炭工业出版社，2004.

[3] 陆亚俊. 暖通空调 [M]. 北京：中国建筑工业出版社，2002.

[4] 蔡秀丽. 建筑设备工程 [M]. 2 版. 北京：科学出版社，2005.

[5] 高绍远. 房屋卫生设备 [M]. 北京：中国建筑工业出版社，1999.

[6] 王宇清. 供热工程 [M]. 北京：机械工业出版社，2003.

[7] 王丽. 供热管网系统安装 [M]. 北京：中国建筑工业出版社，2006.

[8] 潘云钢. 高层民用建筑空调设计 [M]. 北京：中国建筑工业出版社，1999.

[9] 郎维国. 建筑安装工程施工图集 [M]. 北京：中国建筑工业出版社，1999.

[10] 谢社初，刘玲. 建筑电气工程 [M]. 北京：机械工业出版社，2005.

[11] 胡晓元. 建筑电气控制技术 [M]. 北京：中国建筑工业出版社，2005.

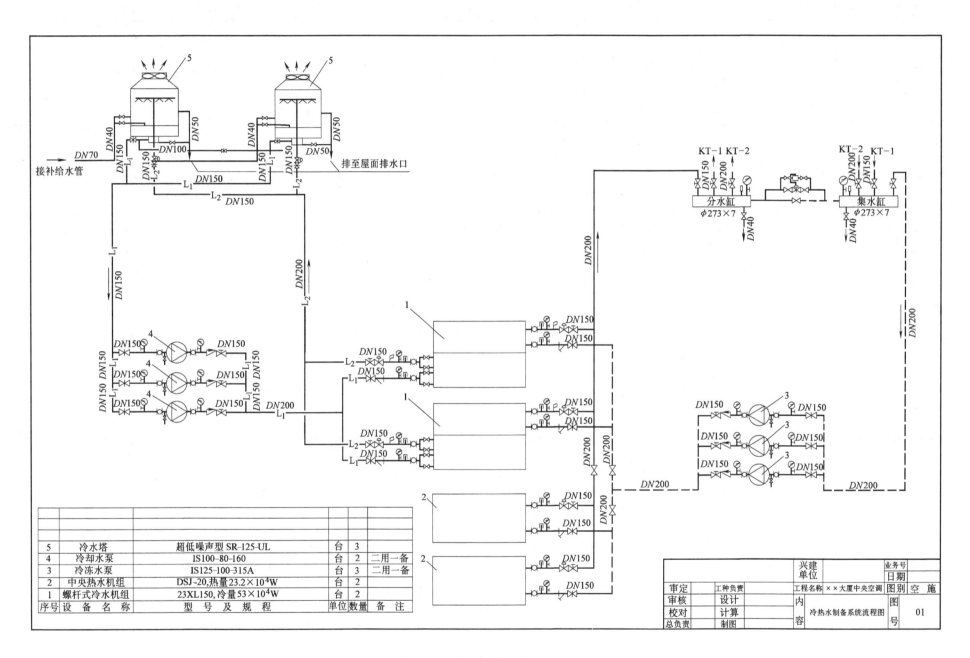

5	冷水塔	超低噪声型 SR-125-UL	台	3	
4	冷却水泵	IS100-80-160	台	2	二用一备
3	冷冻水泵	IS125-100-315A	台	3	二用一备
2	中央热水机组	DSJ~20,热量23.2×10⁴W	台	2	
1	螺杆式冷水机组	23XL150,冷量53×10⁴W	台	2	
序号	设备名称	型号及规程	单位	数量	备注

图 3-47　冷热水制备系统流程图

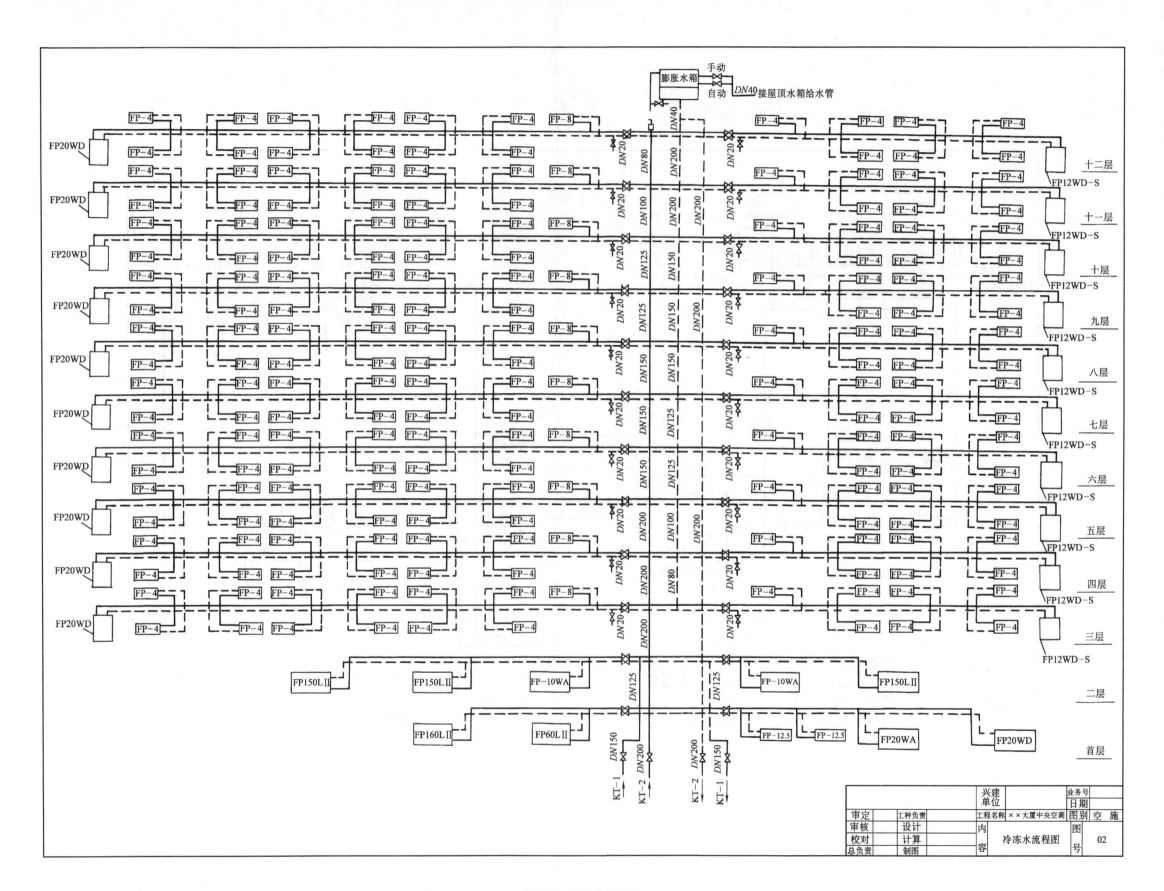

图 3-48 冷冻水流程图

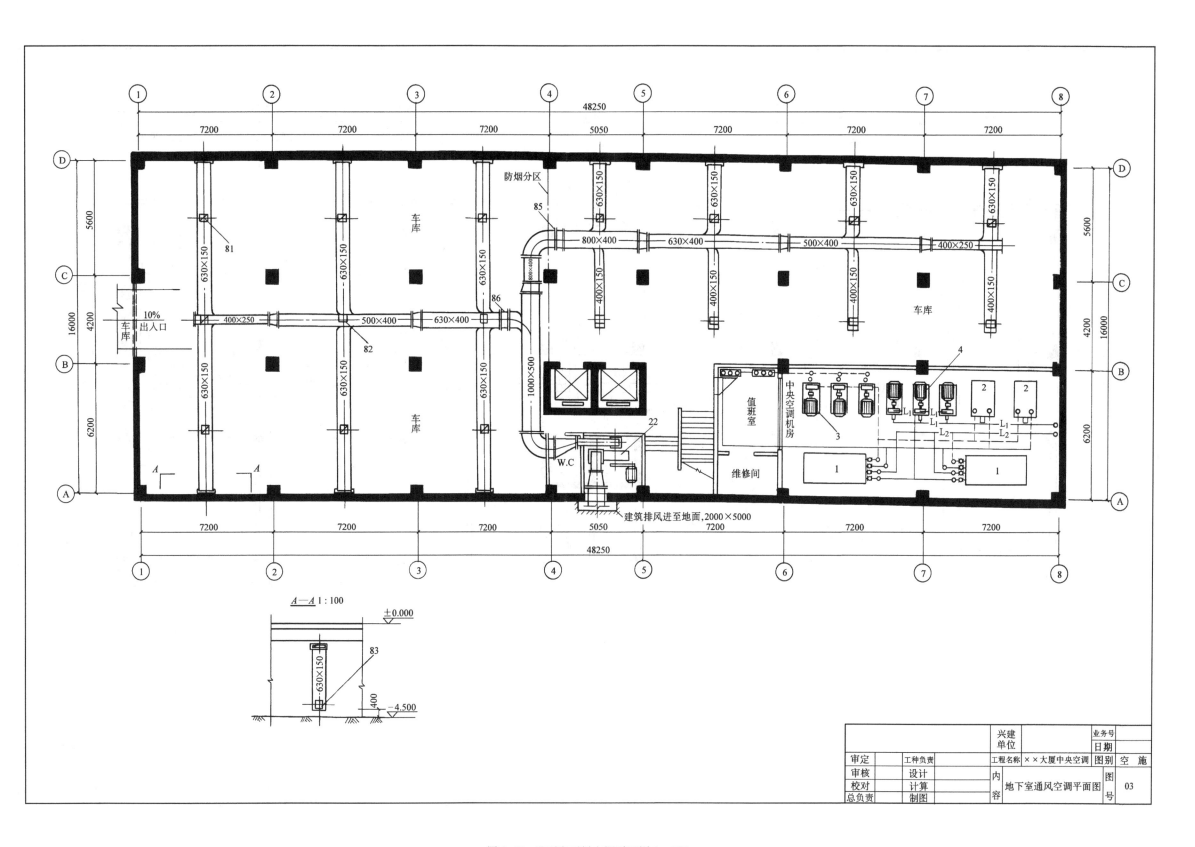

图 3-49　地下室通风空调平面图 1:100

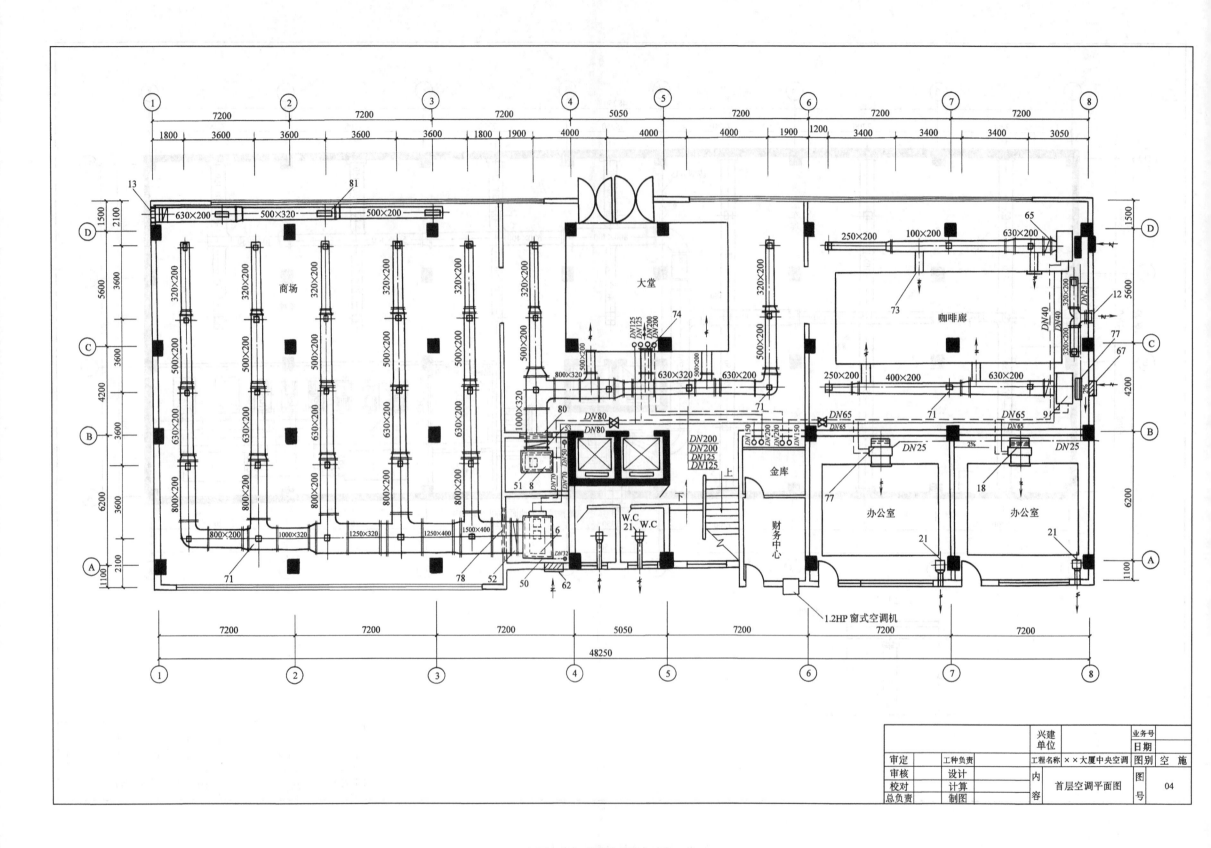

图 3-50　首层空调平面图 1∶100

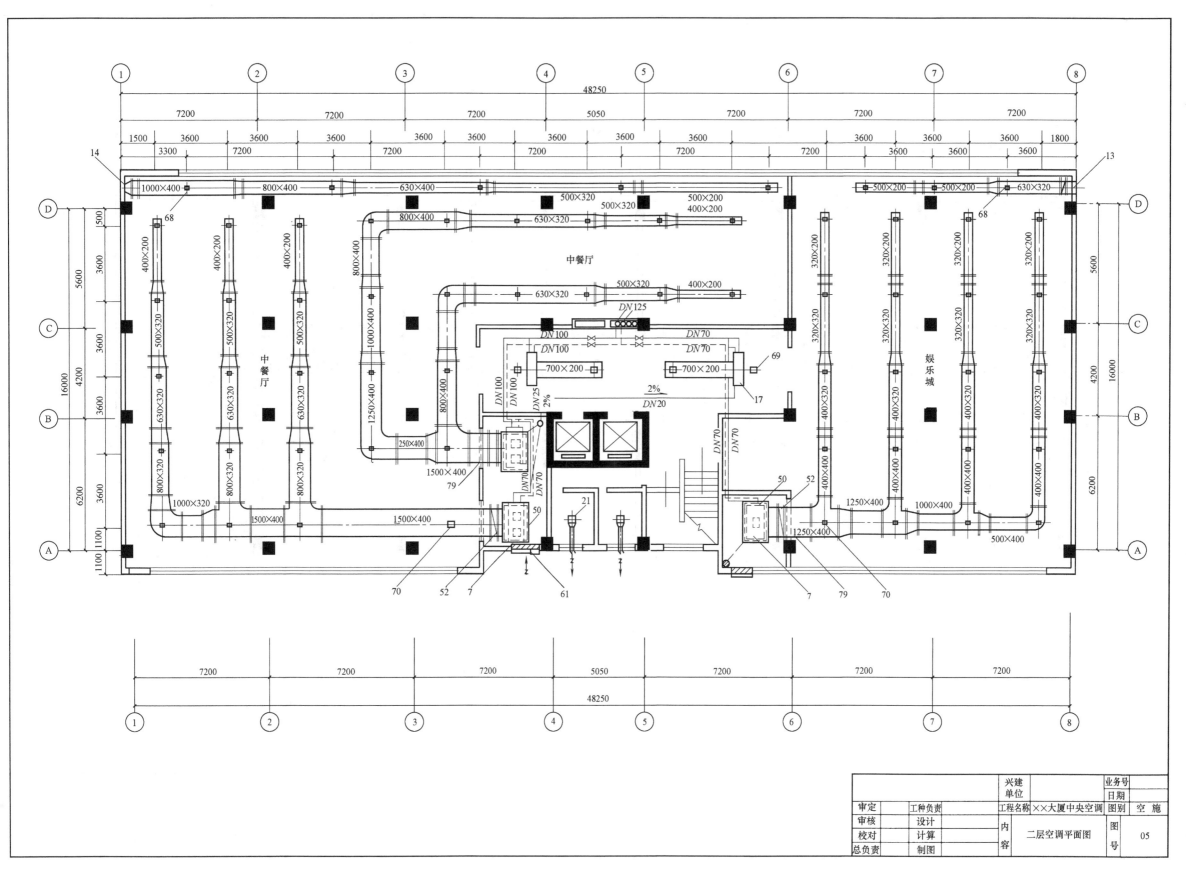

图 3-51　二层空调平面图 1：100

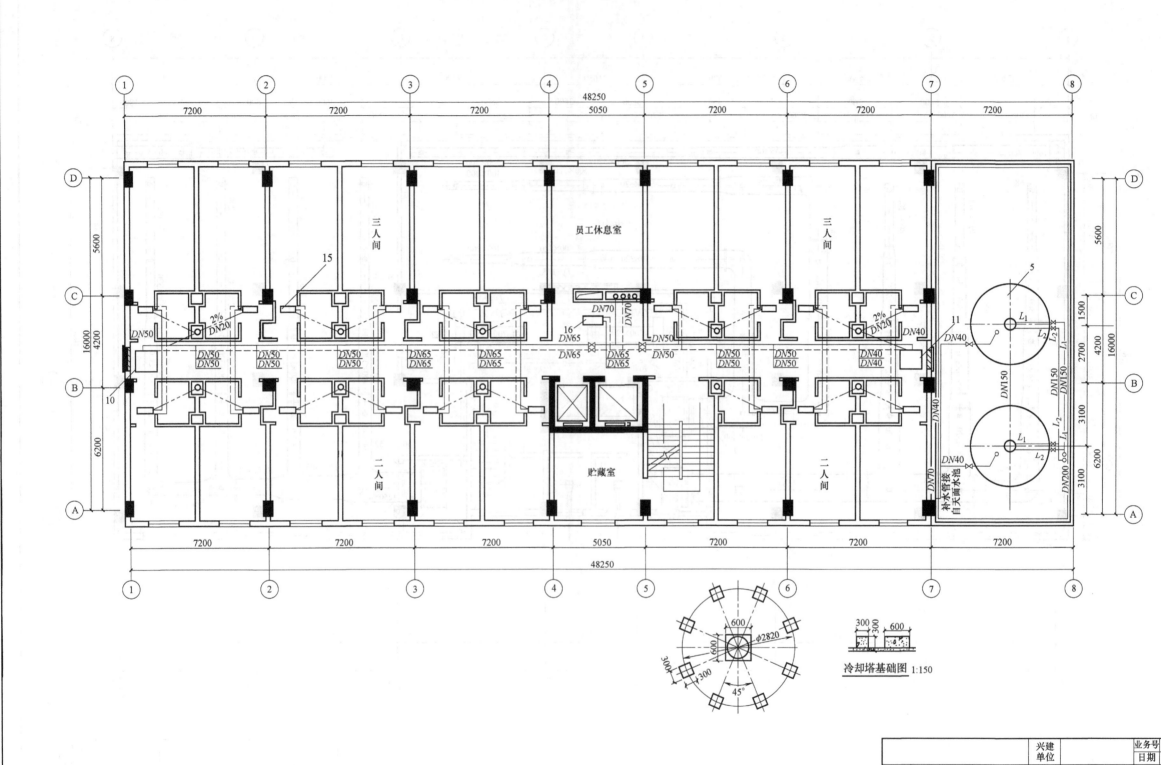

图 3-52　三~十二层空调水管平面图及冷却塔基础 1∶100

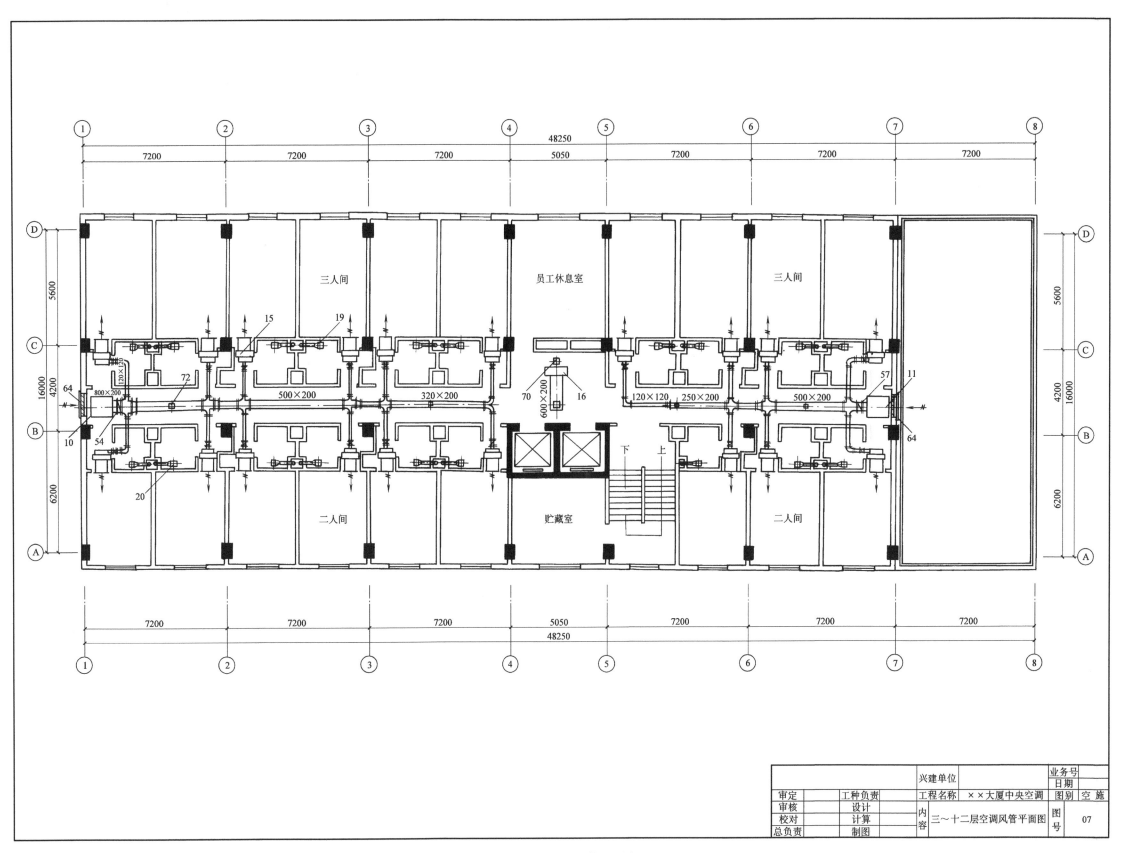

图 3-53　三~十二层空调风管平面图 1：100